青嶋誠・矢田和善 著

高次元の統計学

共立出版

統計学 One Point 11

「統計学 One Point」刊行にあたって

まず述べねばならないのは，著名な先人たちが編纂された共立出版の『数学ワンポイント双書』が本シリーズのベースにあり，編集委員の多くがこの書物のお世話になった世代ということである．この『数学ワンポイント双書』は数学を理解する上で，学生が理解困難と思われる急所を理解するために編纂された秀作本である．

現在，統計学は，経済学，数学，工学，医学，薬学，生物学，心理学，商学など，幅広い分野で活用されており，その基本となる考え方・方法論が様々な分野に散逸する結果となっている．統計学は，それぞれの分野で必要に応じて発展すればよいという考え方もある．しかしながら統計を専門とする学科が分散している状況の我が国においては，統計学の個々の要素を構成する考え方や手法を，網羅的に取り上げる本シリーズは，統計学の発展に大きく寄与できると確信するものである．さらに今日，ビッグデータや生産の効率化，人工知能，IoT など，統計学をそれらの分析ツールとして活用すべしという要求が高まっており，時代の要請も機が熟したと考えられる．

本シリーズでは，難解な部分を解説することも考えているが，主として個々の手法を紹介し，大学で統計学を履修している学生の副読本，あるいは大学院生の専門家への橋渡し，また統計学に興味を持っている研究者・技術者の統計的手法の習得を目標として，様々な用途に活用していただくことを期待している．

本シリーズを進めるにあたり，それぞれの分野において第一線で研究されている経験豊かな先生方に執筆をお願いした．素晴らしい原稿を執筆していただいた著者に感謝申し上げたい．また各巻のテーマの検討，著者への執筆依頼，原稿の閲読を担っていただいた編集委員の方々のご努力に感謝の意を表するものである．

編集委員会を代表して　鎌倉稔成

まえがき

かつての統計解析に用いるデータセットは，データの次元数 d と標本数 n に，$d < n$ なる大小関係が前提でした．ところが，1990 年代後半，情報化の進展に伴い，$d \gg n$ という高次元データが出現しました．当時の統計学（多変量解析）は，$d < n$ なる条件が理論の拠り所となっていましたので，高次元データの統計的推測に精度を保証することはできませんでした．2000 年代になり，$d > n$ の枠組みで高次元データの理論研究が徐々に始まりました．筆者たちも，2005 年頃からこの未開の地に足を踏み入れ，当時はまだ文献がほとんどありませんでしたので，新たな統計学の開拓を始めました．2010 年代に入り，理論と応用の両面から統計学が飛躍的に進歩し，多変量解析に替わる新たな統計学として高次元統計解析が誕生しました．標本数が次元数と比べ圧倒的に少ない状況でも，統計的な推測が可能になったのです．

高次元統計解析は，高次元ならではの新しいアイディアに基づいて，理論と方法論が構築されています．まだ新しい分野ですので，筆者たちの知る限り高次元統計解析を解説している書物は少なく，専門的な洋書が数冊出版されている程度です．初学者が効率的に学習するには，極めて困難な状況にあるといえます．そう思っていた矢先，「統計学 One Point」の執筆依頼を，編集委員長の鎌倉稔成先生からいただきました．One Point の性格上，学部生・大学院生や初学者に向けた高次元統計解析へといざなう入門書として，本書の執筆をお引き受けしました．入門書ですので，書籍名は重いものにならないように気をつけました．こうして決まった『高次元の統計学』は，筆者の一人である青嶋が 2016 年 3 月に日本数学会主催の市民講演会で講演した題目と同じものです．初学者にも親しみやすい内容で，高次元統計解析の基本的な考え方をお伝えできればと思います．

第 1 章は，高次元データの注意点や本書で扱う記号を簡単に説明します．第 2 章は，高次元データを解析する上で鍵となる，高次元データ特有の幾何学的表現を解説します．高次元データは高次元空間で眺めることで，いくつかのパターンが見えてくることを説明します．第 3 章は，高次元データに対して，多変量解析の次元縮約法として知られる主成分分析 (PCA) にはいくつか問題があることを指摘します．固有値・固有ベクトル・主成分スコアは，次元の呪いを受けて誤った結果を出力してしまいます．第 4 章は，高次元データ特有の幾何学的表現に基づいて，ノイズ掃き出し法とクロスデータ行列法という 2 つの高次元 PCA を解説します．これらは色々なところに応用できますが，ここでは一例として，高次元混合分布の幾何学的表現のあぶり出しに応用し，高次元クラスター分析を扱います．第 5 章は，高次元平均ベクトルの統計的推測を考え，高次元漸近正規性や一致性を解説し，信頼領域や検定手法を与えます．第 6 章は，高次元データの判別分析を考え，高次元空間で浮き彫りになるデータのパターンを利用して，$d \gg n$ なる高次元小標本でも有用な判別方式を解説します．機械学習で知られるサポートベクターマシン (SVM) についても，高次元データを扱う上での問題点とその修正方法を解説します．

高次元統計解析は，新しい統計学です．標本数が次元数と比べて圧倒的に少ない状況であっても，統計的推測に高い精度を保証します．本書は，高次元にそびえ立つビッグデータに少ない標本数で立ち向かう，高次元統計解析の真髄をお伝えします．高次元の統計学には，従来の統計学の枠組みを超えた，新しい発想が必要になることをご覧に入れます．

最後に，原稿を閲読していただいた 2 名の先生方と，編集委員ならびに共立出版編集部の方々には，この場を借りて厚く御礼を申し上げます．

2019 年 2 月

青嶋　誠・矢田和善

目　次

第 1 章

高次元データ

本章では，高次元データの注意点と本書で扱う記号を簡単に説明します．高次元統計解析の始めの一歩として，基本中の基本ともいえる標本共分散行列の双対表現を解説します．

1.1 高次元データとは

ゲノム科学・情報工学・金融工学などの現代科学の一つの特徴は，データがもつ次元数の膨大さにある．図 1.1[1] は DNA マイクロアレイである．このようなゲノムデータには，次元数が数万にものぼる一方で，標本数は 100 にも満たないという事例が多く見られる．これは，いわゆるビッグデータの一種で，データの次元数 d[2] と標本数 n に

$$d \gg n \quad （もしくは，d > n）$$

といった大小関係をもつ．これが高次元データの一つの特徴であり，大小関係を強調して**高次元小標本データ** (high-dimension, low-sample-size

---

[1] https://upload.wikimedia.org/wikipedia/commons/2/2a/DNA_microarray.svg から DNA マイクロアレイの図を引用．

[2] 多変量解析では，次元数は p で記述されることが多い．本書で扱う高次元統計解析は，多変量解析とは異なり，次元そのものがデータ空間に与える影響や現象に興味がある．本書では，次元の大きさを意識するために “dimension” の頭文字 d で次元数を記述する．なお，多変量解析を多変量統計解析とよぶこともある．

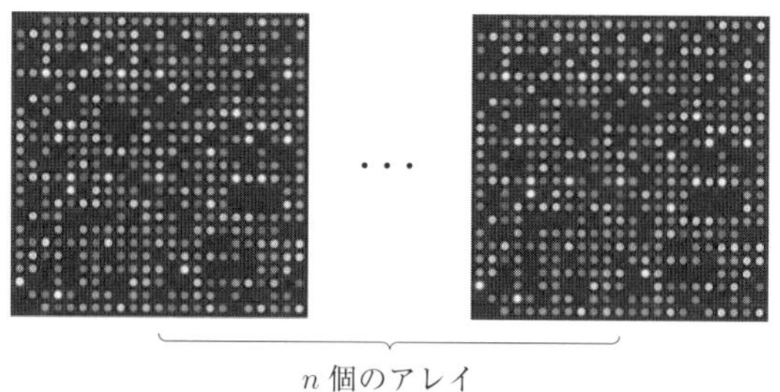

図 1.1 遺伝子発現データ（マイクロアレイデータ）．一般に，次元数（遺伝子数もしくはプローブ数）$d \approx 1000$〜50000，標本数（被験者数）$n \approx 10$〜100 の巨大なデータセットになる．

	生徒番号	1	2	3	〜	$n-1$	n
d 次元	身長（cm）	171	168	174		163	179
	体重（kg）	64	66	70	〜	59	75
	握力（kg）	40	39	43		50	41
	≀		≀			≀	
	50 m 走（秒）	6.5	7.1	7.7		7.3	6.4
	ボール投（m）	34	24	30		28	32

図 1.2 多変量解析で扱うデータセットの一例（あるクラスの身体・体力測定データ）．“$d < n$” という大前提を満たし，横長の長方形である．

data) とよぶこともある．

多変量解析の大前提は，“$d < n$” である．縦を次元に，横を標本にとれば，データセットは図 1.2 に見られるような横長の長方形をしている．例えば，Hand 教授らが 1994 年に出版した有名なデータセット集 [31] には，当時の統計学で扱われたデータが 500 種類以上も掲載されている．これらのほとんどが高々 10 次元であり，“$d < n$” という大前提が満たされている．ところが，1990 年代後半，情報化の進展に伴い，“$d \gg n$” といった高次元データが出現した．例えば，ハーバード大学の Golub 教授らが 1999 年に *Science* 誌に発表した文献 [27] では，白血病患者の遺伝子発現データが扱われ，次元数は $d = 7129$，標本数は $n = 72$ である．

被験者番号	1	2	〜	$n-1$	n
遺伝子 1	2	7		4	−1
遺伝子 2	−5	1	〜	4	−14
遺伝子 3	1	−4		−17	1
≀	≀			≀	
遺伝子 999	32	11		−24	100
遺伝子 1000	52	70		111	245
≀	≀			≀	
≀	≀			≀	
遺伝子 5000	46	142		10	33
≀	≀			≀	
遺伝子 d	−3	0		38	3

（行方向：d 次元）

図 1.3　高次元統計解析で扱うデータセットの一例（遺伝子発現データ）．“$d < n$” の大前提が崩れ，縦長の長方形となる．

図 1.3 に見られるように，データセットは非常に縦長な長方形になる．当時の統計学では，多変量解析が “$d < n$” なる条件を理論の拠り所としているために，高次元データの統計的推測に精度を保証することができなかった．2000 年代になり，“$d > n$” の枠組みで高次元データの研究が徐々に進み，多変量解析の限界を理論的に示した論文も発表され（例えば，[59]），新たな統計学の必要性が認識された．

高次元データを扱うに当たって，以下のような注意点がある．高次元データに対して新たな統計学を開拓するためには，これらの注意点を予め知っておくことが重要である．

【高次元データの注意点】

- 標本共分散行列の逆行列が不安定もしくは存在しないので，通常の多変量解析の枠組みでは扱えない．
- 母集団分布に正規分布を仮定することが現実的でない．さらに，高次元データに対する分布の検定は困難である．
- 多群を扱う場合，共分散行列の共通性を仮定することは現実的でない．実際，共分散行列の共通性は，高次元に対して小標本であってもしばしば棄却される．
- 様々な「次元の呪い」を受ける．
- 計算コストが膨大になる．
- 一般化逆行列・リッジ推定・スパースモデリングなどが適切ではない場合がある．

2010年代に入り，理論と応用の両面から統計学が飛躍的に進歩し，多変量解析に替わる新たな統計学として**高次元統計解析** (high-dimensional statistical analysis) が誕生した．これが，2012年以降，ビッグデータのブームに繋がることになる．高次元統計解析は，標本数が次元数と比べて圧倒的に少ない状況でも，統計的推測を展開し，高精度を保証することができる．本書は，高次元統計解析が高次元特有の諸問題を如何に扱い，解決していくのか，その理論と方法論の一端を解説するものである．

1.2 高次元データセット

平均に d 次の実ベクトル $\boldsymbol{\mu}$，共分散行列に d 次の正定値対称行列 $\boldsymbol{\Sigma}$ をもつ母集団を考える．母集団から n 個の d 次データベクトル $\boldsymbol{x}_j$, $j=1,...,n$ を無作為に抽出して，$d\times n$ のデータ行列

$$\boldsymbol{X}=(\boldsymbol{x}_1,...,\boldsymbol{x}_n)$$

を定義する．ここで，各 j で $\boldsymbol{x}_j=(x_{j(1)},...,x_{j(d)})^T$ とおく．$\boldsymbol{\Sigma}$ の固有値を $\lambda_{(1)}\geq\cdots\geq\lambda_{(d)}(>0)$ とし，適当な直交行列 $\boldsymbol{H}=(\boldsymbol{h}_{(1)},...,\boldsymbol{h}_{(d)})$ で

$\boldsymbol{\Sigma}$ を次のように**固有値分解** (eigenvalue decomposition) する．

$$\boldsymbol{\Sigma} = \boldsymbol{H}\boldsymbol{\Lambda}\boldsymbol{H}^T = \sum_{s=1}^{d} \lambda_{(s)}\boldsymbol{h}_{(s)}\boldsymbol{h}_{(s)}^T, \quad \boldsymbol{\Lambda} = \mathrm{diag}(\lambda_{(1)}, ..., \lambda_{(d)})$$

ここで，$\boldsymbol{H}^T$ は行列 $\boldsymbol{H}$ の転置行列，$\mathrm{diag}(\lambda_{(1)}, ..., \lambda_{(d)})$ は対角成分に $\lambda_{(1)}$ から $\lambda_{(d)}$ をもつ対角行列である．いま，正定値対称行列 $\boldsymbol{\Sigma}$ の平方根を $\boldsymbol{\Sigma}^{1/2}$ で表し，$\boldsymbol{\Sigma}^{1/2} = \sum_{s=1}^{d} \lambda_{(s)}^{1/2}\boldsymbol{h}_{(s)}\boldsymbol{h}_{(s)}^T$ とする．$\boldsymbol{\Sigma}^{1/2}$ の逆行列を $\boldsymbol{\Sigma}^{-1/2}$ と表す．$\boldsymbol{\Sigma}^{-1/2} = (\boldsymbol{\Sigma}^{1/2})^{-1} = \sum_{s=1}^{d} \lambda_{(s)}^{-1/2}\boldsymbol{h}_{(s)}\boldsymbol{h}_{(s)}^T$ である．また，$\boldsymbol{\Sigma}$ の最大固有値を $\lambda_{\max}(\boldsymbol{\Sigma})$ で表す．もちろん，$\lambda_{\max}(\boldsymbol{\Sigma}) = \lambda_{(1)}$，$\lambda_{\max}(\boldsymbol{\Sigma}^{-1}) = \lambda_{(d)}^{-1}$ である．同様の記法で，

$$\boldsymbol{z}_j = \boldsymbol{\Lambda}^{-1/2}\boldsymbol{H}^T(\boldsymbol{x}_j - \boldsymbol{\mu}), \quad \boldsymbol{z}_j = (z_{j(1)}, ..., z_{j(d)})^T \tag{1.1}$$

を定義する．そのとき，$\boldsymbol{z}_j$ の期待値が $E(\boldsymbol{z}_j) = \boldsymbol{0}$，共分散行列が $\mathrm{Var}(\boldsymbol{z}_j) = \boldsymbol{I}_d$ となること，および，

$$\boldsymbol{x}_j = \sum_{s=1}^{d} z_{j(s)}\lambda_{(s)}^{1/2}\boldsymbol{h}_{(s)} + \boldsymbol{\mu}$$

と書けることに注意する．ここで，$\boldsymbol{I}_d$ は d 次単位行列である．もしも $\boldsymbol{x}_j$ $(j = 1, ..., n)$ が平均 $\boldsymbol{\mu}$，共分散行列 $\boldsymbol{\Sigma}$ の正規分布 $N_d(\boldsymbol{\mu}, \boldsymbol{\Sigma})$ に従うならば，$\boldsymbol{z}_j$ は $N_d(\boldsymbol{0}, \boldsymbol{I}_d)$ に従うことになるので，$z_{j(s)}$ $(j = 1, ..., n;\ s = 1, ..., d)$ は互いに独立に標準正規分布 $N(0, 1)$ に従う．しかし，高次元データの母集団分布に正規分布を仮定することは現実的でない．本書は，母集団分布を正規分布に限定しない．

(1.1) 式の成分について，$\mathrm{Var}(z_{j(s)}^2) = M_{(s)}$ とおく[3)]．各 s $(s = 1, ..., d)$ について，**モーメント条件** (moment condition)

$$M_{\min} < M_{(s)} < M_{\max} \quad (M_{\min},\ M_{\max} \text{ は } d \text{ に依存しない正の定数}) \tag{1.2}$$

---

3) $z_{j(s)}$ が $N(0, 1)$ に従うならば，$M_{(s)} = 2$ である．

を仮定する．さらに，$\boldsymbol{\mu}$ と $\boldsymbol{\Sigma}$ について，**正則条件** (regularity condition)

$$\frac{\|\boldsymbol{\mu}\|^2}{d} < M_\mu, \quad M_{\Sigma,\min} < \frac{\mathrm{tr}(\boldsymbol{\Sigma})}{d} < M_{\Sigma,\max}$$
$$(M_\mu,\ M_{\Sigma,\min},\ M_{\Sigma,\max}\ \text{は}\ d\ \text{に依存しない正の定数}) \tag{1.3}$$

を仮定する．ここで，$\|\cdot\|$ はユークリッドノルムを表し，$\mathrm{tr}(\boldsymbol{M})$ は正方行列 $\boldsymbol{M}$ のトレースを表す．なお，$\mathrm{tr}(\boldsymbol{\Sigma}) = \sum_{s=1}^{d} \lambda_{(s)}$ である．

母集団から抽出された n 個の d 次データベクトルの標本平均を

$$\bar{\boldsymbol{x}}_n = \frac{1}{n}\sum_{j=1}^{n} \boldsymbol{x}_j$$

とし，**標本共分散行列** (sample covariance matrix) を

$$\boldsymbol{S}_n = \frac{1}{n-1}\sum_{j=1}^{n} (\boldsymbol{x}_j - \bar{\boldsymbol{x}}_n)(\boldsymbol{x}_j - \bar{\boldsymbol{x}}_n)^T$$

とする．$\boldsymbol{S}_n$ の固有値を $\hat{\lambda}_{(1)} \geq \cdots \geq \hat{\lambda}_{(d)}$ (≥ 0)[4]，各固有値 $\hat{\lambda}_{(s)}$ に対する固有ベクトルを $\hat{\boldsymbol{h}}_{(s)}$ とする．ここで，各固有ベクトルは $\|\hat{\boldsymbol{h}}_{(s)}\| = 1$ とし，$\hat{\boldsymbol{h}}_{(1)}, \ldots, \hat{\boldsymbol{h}}_{(d)}$ は d 次元実ベクトル空間の正規直交基底をなすとする．$\widehat{\boldsymbol{\Lambda}} = \mathrm{diag}(\hat{\lambda}_{(1)}, \ldots, \hat{\lambda}_{(d)})$，$\widehat{\boldsymbol{H}} = (\hat{\boldsymbol{h}}_{(1)}, \ldots, \hat{\boldsymbol{h}}_{(d)})$ とおけば，$\boldsymbol{S}_n$ の固有値分解は

$$\boldsymbol{S}_n = \widehat{\boldsymbol{H}}\widehat{\boldsymbol{\Lambda}}\widehat{\boldsymbol{H}}^T = \sum_{s=1}^{d} \hat{\lambda}_{(s)} \hat{\boldsymbol{h}}_{(s)} \hat{\boldsymbol{h}}_{(s)}^T$$

と書ける．ただし，固有ベクトルには符号の自由度があるので，一般性を失うことなく各 s で $\boldsymbol{h}_{(s)}^T \hat{\boldsymbol{h}}_{(s)} \geq 0$ と仮定する．

今後，母集団が複数個ある場合は，各記号に母集団を識別する添え字 i を付ける．例えば，$\boldsymbol{x}_j$，$\boldsymbol{\mu}$，$\boldsymbol{\Sigma}$ は $\boldsymbol{x}_{ij}$，$\boldsymbol{\mu}_i$，$\boldsymbol{\Sigma}_i$ と表記する．

[4] $\boldsymbol{X}$ の階数（ランク）が n の場合，$\hat{\lambda}_{(1)} \geq \cdots \geq \hat{\lambda}_{(n-1)} > 0$ かつ $\hat{\lambda}_{(n)} = \cdots = \hat{\lambda}_{(d)} = 0$ となる．

1.3　標本共分散行列の双対表現

高次元データ（特に，高次元小標本データ）における統計的推測の鍵は，高次元データがもつ情報を低次元空間に圧縮する双対表現にある．本節では標本共分散行列 $\boldsymbol{S}_n$ の双対表現を解説する．

$\boldsymbol{P}_n = \boldsymbol{I}_n - n^{-1}\boldsymbol{1}_n\boldsymbol{1}_n^T$ とおく．ここで，$\boldsymbol{1}_n = (1, ..., 1)^T$ はすべての成分が 1 の n 次ベクトルである．$\boldsymbol{P}_n^2 = \boldsymbol{P}_n$ に注意すると，

$$\begin{aligned}\boldsymbol{S}_n &= (n-1)^{-1}(\boldsymbol{X} - \overline{\boldsymbol{X}})(\boldsymbol{X} - \overline{\boldsymbol{X}})^T \\ &= (n-1)^{-1}\boldsymbol{X}\boldsymbol{P}_n\boldsymbol{X}^T\end{aligned}$$

と書ける．ここで，$\overline{\boldsymbol{X}} = (\bar{\boldsymbol{x}}_n, ..., \bar{\boldsymbol{x}}_n) = \bar{\boldsymbol{x}}_n\boldsymbol{1}_n^T$ である．そのとき，$\boldsymbol{S}_n$ の積の順序を交換してできる n 次対称行列

$$\begin{aligned}\boldsymbol{S}_{D,n} &= (n-1)^{-1}(\boldsymbol{X} - \overline{\boldsymbol{X}})^T(\boldsymbol{X} - \overline{\boldsymbol{X}}) \\ &= (n-1)^{-1}\boldsymbol{P}_n\boldsymbol{X}^T\boldsymbol{X}\boldsymbol{P}_n\end{aligned}$$

を $\boldsymbol{S}_n$ の**双対標本共分散行列** (dual sample covariance matrix) という．$\boldsymbol{S}_n$ の最初の n 個の固有値 $\hat{\lambda}_{(1)} \geq \cdots \geq \hat{\lambda}_{(n)}$ (≥ 0) は，$\boldsymbol{S}_{D,n}$ の固有値にもなっている．$\boldsymbol{S}_{D,n}$ の $\hat{\lambda}_{(s)}$ に対応する固有ベクトルを $\hat{\boldsymbol{u}}_{(s)}$ とする．ここで，各 s で $\|\hat{\boldsymbol{u}}_{(s)}\| = 1$ とし，$\hat{\boldsymbol{u}}_{(1)}, ..., \hat{\boldsymbol{u}}_{(n)}$ は n 次元実ベクトル空間の正規直交基底をなすものとする．そのとき，$\boldsymbol{S}_{D,n}$ の固有値分解

$$\boldsymbol{S}_{D,n} = \sum_{s=1}^{n} \hat{\lambda}_{(s)}\hat{\boldsymbol{u}}_{(s)}\hat{\boldsymbol{u}}_{(s)}^T \tag{1.4}$$

が得られる．ただし，確率 1 で $\hat{\lambda}_{(n)} = 0$ である．なぜならば，$\boldsymbol{P}_n\boldsymbol{1}_n = \boldsymbol{0}$ なので，

$$\mathrm{rank}(\boldsymbol{S}_{D,n}) = \mathrm{rank}(\boldsymbol{X} - \overline{\boldsymbol{X}}) = \mathrm{rank}(\boldsymbol{X}\boldsymbol{P}_n) \leq \min\{d, n-1\}$$

となるからである．ここで，$\mathrm{rank}(\boldsymbol{M})$ は行列 $\boldsymbol{M}$ の階数を表す．

$\boldsymbol{S}_n$ と $\boldsymbol{S}_{D,n}$ の固有値・固有ベクトルを用いて，$\boldsymbol{X} - \overline{\boldsymbol{X}}$ の**特異値分解**

(singular value decomposition)[5)]が

$$\frac{\boldsymbol{X}-\overline{\boldsymbol{X}}}{\sqrt{n-1}}=\sum_{s=1}^{\min\{d,n-1\}}\hat{\lambda}_{(s)}^{1/2}\hat{\boldsymbol{h}}_{(s)}\hat{\boldsymbol{u}}_{(s)}^T \tag{1.5}$$

のように与えられる．この特異値分解からも $\boldsymbol{S}_n$ と $\boldsymbol{S}_{D,n}$ の双対関係がわかる．(1.5) 式から，固有ベクトルについて次の関係式が直ちに得られる．

$$\hat{\boldsymbol{h}}_{(s)}=\frac{\boldsymbol{X}-\overline{\boldsymbol{X}}}{\sqrt{(n-1)\hat{\lambda}_{(s)}}}\hat{\boldsymbol{u}}_{(s)} \quad (s=1,...,\min\{d,n-1\}) \tag{1.6}$$

(1.4) 式と (1.6) 式は，$d\times d$ 行列 $\boldsymbol{S}_n$ の固有値と固有ベクトルが，$n\times n$ 行列 $\boldsymbol{S}_{D,n}$ の固有値と固有ベクトルを用いて計算できることを意味する．この双対関係は，"$d\gg n$" なる高次元データセットには，非常に有用な関係となる．$\boldsymbol{S}_{D,n}$ を用いる利点は，以下の 3 つが挙げられる．

【$\boldsymbol{S}_{D,n}$ を使うメリット】

- 推測における計算コストの大幅な削減.
- 双対空間上での高次元漸近理論の展開.
- 双対空間上での高次元現象の可視化.

例えば，$d=10000$，$n=100$ なる高次元小標本データの場合，$\boldsymbol{S}_n$ は行列サイズが 10000×10000 の非常に巨大な行列となり，固有値・固有ベクトル等の各種特徴量の計算には，膨大なコストがかかる．それに対して，$\boldsymbol{S}_{D,n}$ は行列サイズが 100×100 となり，$\boldsymbol{S}_n$ と比べて遥かに扱いやすく，各種特徴量の計算が容易になる．また，第 2 章以降で必要となる高次元漸近理論を展開する際にも，巨大な $\boldsymbol{S}_n$ よりもコンパクトな $\boldsymbol{S}_{D,n}$ を用いて記述する方が容易である．実際，高次元特有の様々な幾何的現象は双対空間上で可視化できる．双対空間上での高次元漸近理論の展開や幾何的現象については，次章以降で述べることにする．

[5)]特異値分解の詳細は，文献 [26] 等を参照のこと．

第2章

高次元データの幾何学的表現

本章では，高次元データを解析する上で鍵となる，高次元データ特有の幾何学的表現を解説します．高次元データは高次元空間で眺めることで，特有のパターンが見えてくることをお話しします．双対空間における幾何学的表現を解説し，球面集中現象と座標軸集中現象をご覧に入れます．

2.1 高次元データベクトルの幾何学的表現

多変量解析における統計的推測は，大数の法則や中心極限定理などの大標本漸近理論に見られるように，データベクトルが中心に密集する法則を利用する．これに対し，高次元統計解析における統計的推測では，いわば真逆の，データベクトルが中心から離れていく法則を利用することになる．この一風変わった法則を記述するために，本節では，高次元データベクトルの**幾何学的表現** (geometric representation) を解説する．

高次元データが有する幾何学的表現を最初に扱ったのは，Hall 教授らが 2005 年に出版した文献 [29] である．Hall 教授らは，次のような高次元データベクトルの幾何学的表現を導出し，高次元データの分類問題に応用した．

高次元データベクトルの幾何学的表現（正規分布の場合，[29]）

$\boldsymbol{x}$ が $N_d(\boldsymbol{0}, \boldsymbol{I}_d)$ に従うとする．$d \to \infty$ のとき，次が成り立つ．

$$\|\boldsymbol{x}\| = \sqrt{d} + O_P(1) \tag{2.1}$$

$\boldsymbol{x}_1$ と $\boldsymbol{x}_2$ が互いに独立に $N_d(\boldsymbol{0}, \boldsymbol{I}_d)$ に従うとする．$d \to \infty$ のとき，次が成り立つ．

$$\|\boldsymbol{x}_1 - \boldsymbol{x}_2\| = \sqrt{2d} + O_P(1) \tag{2.2}$$

$$\mathrm{Angle}(\boldsymbol{x}_1, \boldsymbol{x}_2) \equiv \cos^{-1}\left(\frac{|\boldsymbol{x}_1^T \boldsymbol{x}_2|}{\|\boldsymbol{x}_1\| \ \|\boldsymbol{x}_2\|}\right) = \frac{\pi}{2} + O_P(d^{-1/2}) \tag{2.3}$$

(2.1) 式は，高次元になると，データベクトルが中心から遠ざかり，半径 $\sqrt{d}$ の球の表面に集まることを意味している．これを，**球面集中現象** (concentration on the surface of a sphere) という．また，(2.2) 式と (2.3) 式は，高次元になると，データベクトル間の距離が $\sqrt{2d}$ に近づき，2つのデータベクトルが直交関係に近づくことを意味している[1)]．これらの結果の証明は，文献 [29] の2節を参照されたい．Hall 教授らは，上記の高次元現象を図 2.1 で表現した．図 2.1 は，(a) $d = 2$，(b) $d = 20$，(c) $d = 200$，(d) $d = 20000$ の次元において，3つのデータベクトルを互いに独立に $N_d(\boldsymbol{0}, \boldsymbol{I}_d)$ から発生させて同一平面上にプロットし，この操作を10回繰り返したものである．高次元になると，原点から見て3つのデータベクトルは正三角錐の頂点をなし，底面は1辺の長さが $\sqrt{2d}$ の正三角形になることが見てとれる．データベクトル間の距離は次元とともに大きくなるが，互いに一定の間隔を保っていく．

以上の結果を一般化する．母集団分布を正規分布に限定せず，また，共分散行列も $\boldsymbol{I}_d$ に限定しない．共分散行列に次の**球形条件** (sphericity

1) ある確率変数列 $\{X_n\}$ と各項が正のある数列 $\{a_n\}$ について，$X_n = O_P(a_n)$ とは，任意の $\varepsilon > 0$ に対してある定数 $C > 0$ が存在し，$\limsup_{n\to\infty} \Pr(|X_n| > Ca_n) < \varepsilon$ となることを意味する．ここで，lim sup は上極限を表す．

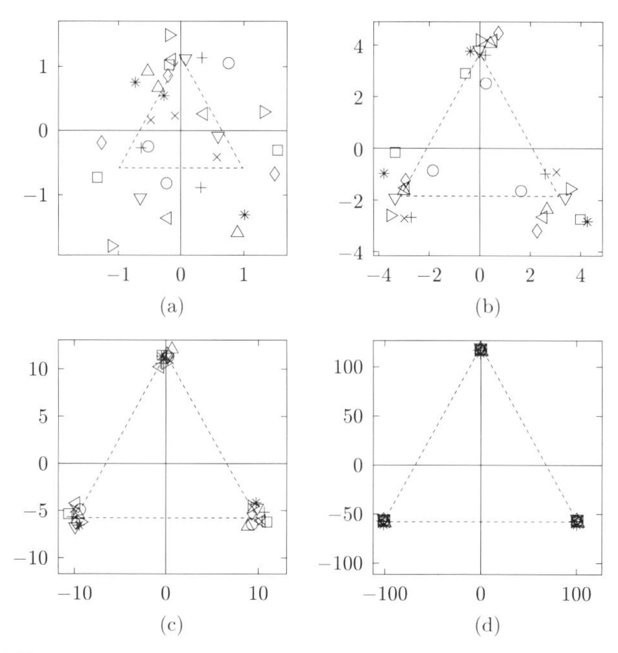

図 2.1 文献 [29] の図 2 から引用. (a) $d = 2$, (b) $d = 20$, (c) $d = 200$, (d) $d = 20000$ の次元において, 3 つのデータベクトルを互いに独立に $N_d(\mathbf{0}, \boldsymbol{I}_d)$ から発生させ, この操作を 10 回繰り返した.

condition) を仮定する.

$$\frac{\mathrm{tr}(\boldsymbol{\Sigma}^2)}{\{\mathrm{tr}(\boldsymbol{\Sigma})\}^2} = \frac{\sum_{s=1}^{d} \lambda_{(s)}^2}{(\sum_{s=1}^{d} \lambda_{(s)})^2} \to 0 \quad (d \to \infty) \tag{2.4}$$

まず,

$$\frac{\mathrm{tr}(\boldsymbol{\Sigma}^2)}{\{\mathrm{tr}(\boldsymbol{\Sigma})\}^2} \in [d^{-1}, 1)$$

に注意する. (2.4) 式は, $\lambda_{(1)}^2 \le \mathrm{tr}(\boldsymbol{\Sigma}^2) \le \lambda_{(1)}\mathrm{tr}(\boldsymbol{\Sigma})$ に注意すれば, 次の固有値条件と同値である.

$$\frac{\lambda_{\max}(\boldsymbol{\Sigma})}{\mathrm{tr}(\boldsymbol{\Sigma})} = \frac{\lambda_{(1)}}{\sum_{s=1}^{d} \lambda_{(s)}} \to 0 \quad (d \to \infty)$$

これは, 最大固有値の寄与率が高次元において 0 に収束することを意味している．このことからも，(2.4) 式が高次元データの分布に関して球形性を課していることがわかる．いま，球形条件 (2.4) のもとで，(1.1) 式の $\boldsymbol{z}_j = (z_{j(1)}, ..., z_{j(d)})^T$ $(j = 1, ..., n)$ について次のような**一致性条件** (consistency condition) を考える．

$$\frac{\sum_{s,t=1}^{d} \lambda_{(s)}\lambda_{(t)} E\{(z_{j(s)}^2 - 1)(z_{j(t)}^2 - 1)\}}{(\sum_{s=1}^{d} \lambda_{(s)})^2} \to 0 \quad (d \to \infty) \tag{2.5}$$

ここで，$\sum_{s,t=1}^{d} = \sum_{s=1}^{d} \sum_{t=1}^{d}$ である．分子について，

$$\begin{aligned} \mathrm{Var}(\|\boldsymbol{x}_j - \boldsymbol{\mu}\|^2) &= E[\{\|\boldsymbol{x}_j - \boldsymbol{\mu}\|^2 - \mathrm{tr}(\boldsymbol{\Sigma})\}^2] \\ &= \sum_{s,t=1}^{d} \lambda_{(s)}\lambda_{(t)} E\{(z_{j(s)}^2 - 1)(z_{j(t)}^2 - 1)\} \end{aligned}$$

であることに注意する．もしも，$z_{j(1)}, ..., z_{j(d)}$ に 2 次の無相関性が成立すれば，モーメント条件 (1.2) より

$$\begin{aligned} \sum_{s,t=1}^{d} \lambda_{(s)}\lambda_{(t)} E\{(z_{j(s)}^2 - 1)(z_{j(t)}^2 - 1)\} &= \sum_{s=1}^{d} \lambda_{(s)}^2 E\{(z_{j(s)}^2 - 1)^2\} \\ &= O\big(\mathrm{tr}(\boldsymbol{\Sigma}^2)\big) \end{aligned}$$

となる．したがって，2 次の無相関性と球形条件 (2.4) のもとで，一致性条件 (2.5) は満たされる．もしも，高次元データの分布に正規分布を仮定すれば，$z_{j(1)}, ..., z_{j(d)}$ は互いに独立に標準正規分布 $N(0, 1)$ に従い，それゆえ 2 次の無相関性が成立するので，球形条件 (2.4) と一致性条件 (2.5) は同値となる．このように，球形条件 (2.4) のもとで，一致性条件 (2.5) は母集団分布の正規性を緩める条件になっている．そのとき，次の結果が得られる．

高次元データベクトルの幾何学的表現

球形条件 (2.4) と一致性条件 (2.5) を仮定する．$d \to \infty$ のとき，次が成り立つ．

$$\|\boldsymbol{x}_j - \boldsymbol{\mu}\| = \sqrt{\mathrm{tr}(\boldsymbol{\Sigma})} + o_P\left(\sqrt{\mathrm{tr}(\boldsymbol{\Sigma})}\right) \tag{2.6}$$

$$\|\boldsymbol{x}_j - \boldsymbol{x}_k\| = \sqrt{2\mathrm{tr}(\boldsymbol{\Sigma})} + o_P\left(\sqrt{\mathrm{tr}(\boldsymbol{\Sigma})}\right) \quad (j \neq k) \tag{2.7}$$

$$\mathrm{Angle}(\boldsymbol{x}_j - \boldsymbol{\mu}, \boldsymbol{x}_k - \boldsymbol{\mu}) = \frac{\pi}{2} + o_P(1) \quad (j \neq k) \tag{2.8}$$

高次元データベクトルには，中心 $\boldsymbol{\mu}$，半径 $\sqrt{\mathrm{tr}(\boldsymbol{\Sigma})}$ の球の表面に集まるといった球面集中現象が現れ，データベクトル間の距離の一意性や直交性が成立する[2)]．簡単に，(2.6) 式から (2.8) 式までの証明を与える．チェビシェフの不等式より，任意の $\varepsilon > 0$ に対して一致性条件 (2.5) のもとで

$$\begin{aligned}&\Pr\left(\left|\|\boldsymbol{x}_j - \boldsymbol{\mu}\|^2 - \mathrm{tr}(\boldsymbol{\Sigma})\right| \geq \varepsilon \mathrm{tr}(\boldsymbol{\Sigma})\right)\\ &\leq \frac{\mathrm{Var}(\|\boldsymbol{x}_j - \boldsymbol{\mu}\|^2)}{\varepsilon^2\{\mathrm{tr}(\boldsymbol{\Sigma})\}^2} \to 0 \quad (d \to \infty)\end{aligned}$$

となる．したがって，$\|\boldsymbol{x}_j - \boldsymbol{\mu}\|^2 = \mathrm{tr}(\boldsymbol{\Sigma})\{1 + o_P(1)\}$ となり，(2.6) 式を得る．また，球形条件 (2.4) のもとで，$j \neq k$ について

$$\begin{aligned}&\Pr\left(\left|(\boldsymbol{x}_j - \boldsymbol{\mu})^T(\boldsymbol{x}_k - \boldsymbol{\mu})\right| \geq \varepsilon \mathrm{tr}(\boldsymbol{\Sigma})\right)\\ &\leq \frac{\mathrm{tr}(\boldsymbol{\Sigma}^2)}{\varepsilon^2\{\mathrm{tr}(\boldsymbol{\Sigma})\}^2} \to 0 \quad (d \to \infty)\end{aligned}$$

となり，$(\boldsymbol{x}_j - \boldsymbol{\mu})^T(\boldsymbol{x}_k - \boldsymbol{\mu}) = o_P\big(\mathrm{tr}(\boldsymbol{\Sigma})\big)$ を得る．ここで，$j \neq k$ について

---

2) ある確率変数列 $\{X_n\}$ と数列 $\{a_n\}$，および，各項が正のある数列 $\{b_n\}$ について，$X_n = a_n + o_P(b_n)$ は，任意の $\varepsilon > 0$ に対して $\lim_{n\to\infty} \Pr(|X_n - a_n| \leq \varepsilon b_n) = 1$ となることを意味する．

$$\|\boldsymbol{x}_j - \boldsymbol{x}_k\|^2 = \|\boldsymbol{x}_j - \boldsymbol{\mu}\|^2 + \|\boldsymbol{x}_k - \boldsymbol{\mu}\|^2 - 2(\boldsymbol{x}_j - \boldsymbol{\mu})^T(\boldsymbol{x}_k - \boldsymbol{\mu})$$

に注意すれば，$\|\boldsymbol{x}_j - \boldsymbol{x}_k\|^2 = 2\mathrm{tr}(\boldsymbol{\Sigma})\{1 + o_P(1)\}$ となり，(2.7) 式を得る．同様に，$j \neq k$ について

$$\frac{(\boldsymbol{x}_j - \boldsymbol{\mu})^T(\boldsymbol{x}_k - \boldsymbol{\mu})}{\|\boldsymbol{x}_j - \boldsymbol{\mu}\|\,\|\boldsymbol{x}_k - \boldsymbol{\mu}\|} = o_P(1) \quad (d \to \infty)$$

となり，(2.8) 式を得る．

2.2 双対空間における幾何学的表現

本節では表記を簡単にするために，$\boldsymbol{\mu}$ は既知とする[3)]．そのとき，

$$\boldsymbol{S}_{oD,n} = n^{-1}(\boldsymbol{X} - \boldsymbol{\mu}\boldsymbol{1}_n^T)^T(\boldsymbol{X} - \boldsymbol{\mu}\boldsymbol{1}_n^T)$$

が双対標本共分散行列となる．(1.4) 式と同様に，固有値分解を

$$\boldsymbol{S}_{oD,n} = \sum_{s=1}^{n} \hat{\lambda}_{o(s)} \hat{\boldsymbol{u}}_{o(s)} \hat{\boldsymbol{u}}_{o(s)}^T \quad (\hat{\lambda}_{o(1)} \geq \cdots \geq \hat{\lambda}_{o(n)}) \tag{2.9}$$

とする．$\boldsymbol{z}_{(s)} = (z_{1(s)}, ..., z_{n(s)})^T$ とおくと，(1.1) 式から

$$\boldsymbol{X} - \boldsymbol{\mu}\boldsymbol{1}_n^T = \boldsymbol{H}\boldsymbol{\Lambda}^{1/2}(\boldsymbol{z}_{(1)}, ..., \boldsymbol{z}_{(d)})^T \tag{2.10}$$

なので，

$$\boldsymbol{S}_{oD,n} = \frac{1}{n}\sum_{s=1}^{d} \lambda_{(s)} \boldsymbol{z}_{(s)} \boldsymbol{z}_{(s)}^T \tag{2.11}$$

のようにも分解できる．$E(\boldsymbol{S}_{oD,n}) = n^{-1}\mathrm{tr}(\boldsymbol{\Sigma})\boldsymbol{I}_n$ である．Ahn et al. [1]，Jung and Marron [39]，そして，Yata and Aoshima [62] において，双対空間における幾何学的表現が与えられた[4)]．

---

3) $\boldsymbol{\mu}$ が未知の場合については，文献 [35, 36] を参照のこと．

4) 論説 [5] と総説 [6, 13] も参照のこと．

双対空間における幾何学的表現 (Yata and Aoshima [62])

球形条件 (2.4) を仮定する．一致性条件 (2.5) が成り立つ場合，$d \to \infty$（n は固定）のとき

$$\frac{n}{\mathrm{tr}(\boldsymbol{\Sigma})}\boldsymbol{S}_{oD,n} \xrightarrow{P} \boldsymbol{I}_n \tag{2.12}$$

ここで，$\xrightarrow{P}$ は確率収束を表す．一致性条件 (2.5) が成り立たない場合，$d \to \infty$（n は固定）のとき

$$\frac{n}{\mathrm{tr}(\boldsymbol{\Sigma})}\boldsymbol{S}_{oD,n} - \boldsymbol{D}_n \xrightarrow{P} \boldsymbol{O} \tag{2.13}$$

ここで，$\boldsymbol{D}_n$ は対角成分が $O_P(1)$ となるある対角行列で，$\boldsymbol{O}$ はゼロ行列である．

ここで，$\boldsymbol{S}_{oD,n}$ の固有空間における漸近的な挙動を可視化するために，次のベクトルを考える．

$$\boldsymbol{w}_s = \frac{n}{\mathrm{tr}(\boldsymbol{\Sigma})}\boldsymbol{S}_{oD,n}\hat{\boldsymbol{u}}_{o(s)} \quad (s = 1, ..., n)$$

そのとき，$\boldsymbol{w}_s = \{n/\mathrm{tr}(\boldsymbol{\Sigma})\}\hat{\lambda}_{o(s)}\hat{\boldsymbol{u}}_{o(s)}$ である．一致性条件 (2.5) が成り立つ場合，(2.12) 式から，$d \to \infty$（n は固定）のとき次を得る．

$$\|\boldsymbol{w}_s\| = 1 + o_P(1), \quad s = 1, ..., n \tag{2.14}$$

(2.12) 式と (2.14) 式は，$d \to \infty$ のとき，$\{n/\mathrm{tr}(\boldsymbol{\Sigma})\}\boldsymbol{S}_{oD,n}$ の固有値は定まるものの互いの差異がなくなり，固有ベクトルは方向そのものが定まらないことを意味している．このことから，$\boldsymbol{S}_{oD,n}$ を用いて固有値・固有ベクトルを推定することは困難になることが想像できる．一方で，一致性条件 (2.5) が成り立たない場合，(2.13) 式が主張される．このとき，球形条件 (2.4) とある正則条件[5]のもとで，$d \to \infty$（n は固定）のとき，各 $s\ (= 1, ..., n)$ に対して次を得る．

[5] 文献 [62] の 2 節を参照のこと．

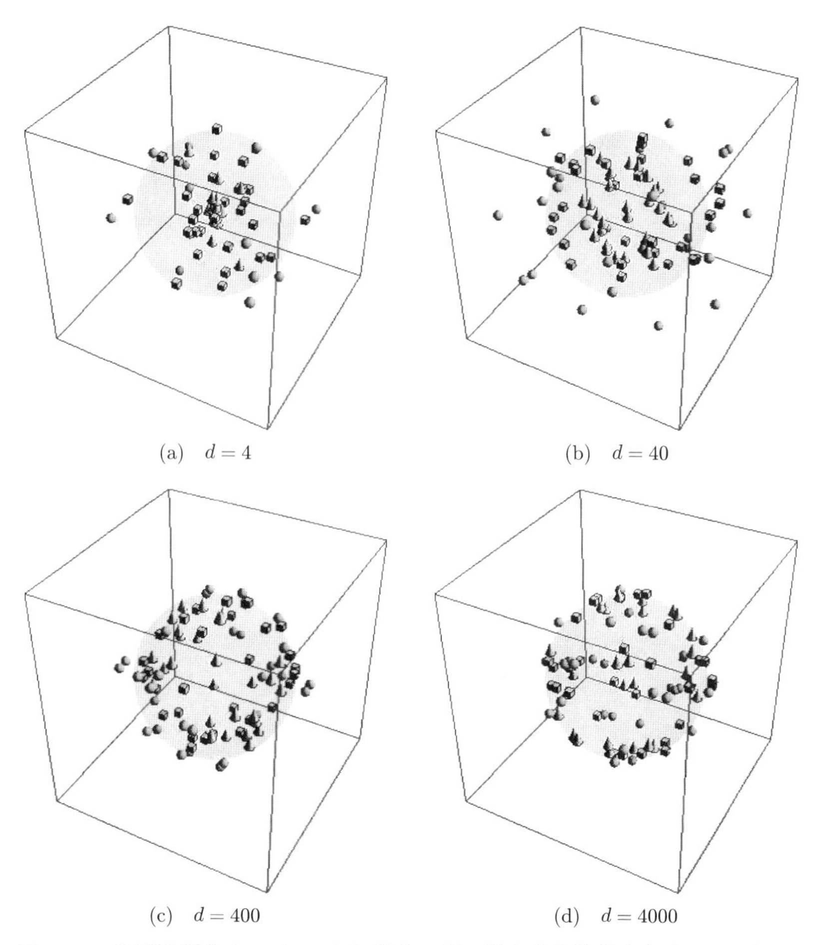

図 2.2　d 次元正規分布 $N_d(\mathbf{0}, \boldsymbol{I}_p)$ に従う 3 個の標本から計算される $\pm\boldsymbol{w}_s$ $(s = 1, 2, 3)$ をプロットし，この操作を 15 回繰り返した．次元数が上がるにつれて，球面集中現象が見てとれる．

$$\hat{\boldsymbol{u}}_{o(s)} \xrightarrow{P} \boldsymbol{e}_{n(t)} \text{ となる } t\ (= 1, ..., n) \text{ が 1 つ存在する} \tag{2.15}$$

ここで，$\boldsymbol{e}_{n(t)}$ は第 t 成分が 1 で他は 0 となる n 次基本ベクトルである．(2.13) 式と (2.15) 式は，(2.12) 式と (2.14) 式とは対極の幾何学的表現である．$\boldsymbol{S}_{oD,n}$ の n 個の直交する固有ベクトルは n 本の座標軸と重なるも

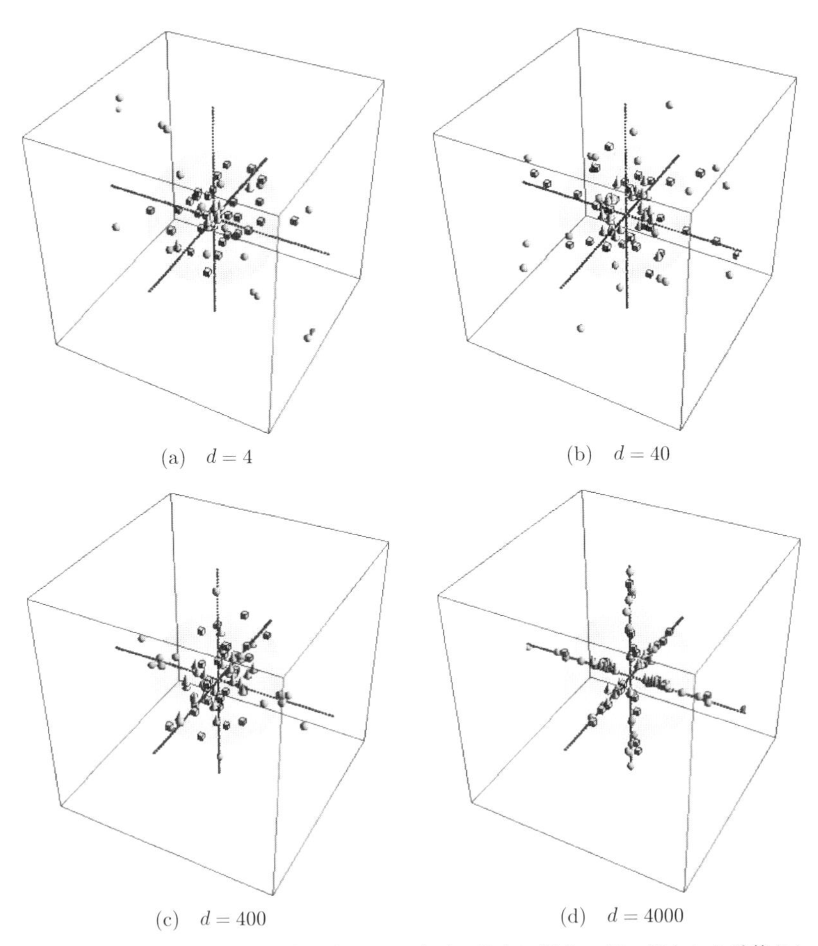

(a)　$d = 4$　(b)　$d = 40$

(c)　$d = 400$　(d)　$d = 4000$

図 2.3　共分散行列が $\boldsymbol{I}_d$ で自由度 5 の d 次元 t 分布に従う 3 個の標本から計算される $\pm\boldsymbol{w}_s$ $(s = 1, 2, 3)$ をプロットし，この操作を 15 回繰り返した．次元数が上がるにつれて，座標軸集中現象が見てとれる．

のの方向が一意に定まらず，また，固有値も定まらない．つまり，一致性条件 (2.5) が成り立たない場合，$\boldsymbol{S}_{oD,n}$ は固有空間の推定に何ら有益な情報を与えるものにならない．

一致性条件 (2.5) が成り立つ簡単な例として，d 次元正規分布 $N_d(\boldsymbol{0}, \boldsymbol{I}_d)$ を考える．一致性条件 (2.5) が成り立たない簡単な例として，共分散行列

が $\boldsymbol{I}_d$ で自由度が5の **$\boldsymbol{d}$ 次元 $\boldsymbol{t}$ 分布** (d-dimensional t distribution) を考える．ここで，共分散行列が $\boldsymbol{I}_d$ で自由度が ν の d 次元 t 分布の密度関数は，C を正規化定数とすると，$C\{1+(\nu-2)^{-1}\boldsymbol{z}^T\boldsymbol{z}\}^{-(d+\nu)/2}$ で与えられる．標本数は $n=3$ とする．次元数が $d=4$，40，400，4000 の場合で，$\pm\boldsymbol{w}_s$ $(s=1,2,3)$ の対を独立に 15 組発生させて，出力結果を $\boldsymbol{w}_1$ は で，$\boldsymbol{w}_2$ は で，$\boldsymbol{w}_3$ は で表示する．図 2.2 は正規分布について，図 2.3 は t 分布について，結果をまとめたものである[6)]．次元数が上がるにつれて，一致性条件 (2.5) が成り立つ場合と成り立たない場合とで，幾何学的な差異が明瞭になっていく様子が見てとれる．一致性条件 (2.5) が成り立つ場合には図 2.2 のように球面集中現象が現れ，成り立たない場合には図 2.3 のように**座標軸集中現象** (concentration on the coordinate axes) が現れる．(2.12) 式と (2.13) 式で与えられる幾何学的表現は，これらの現象をもたらすのである．

高次元データの統計解析に理論と方法論を構築する上で，高次元データが幾何学的表現を有するという特性を知っておくことは重要である．後の章では，高次元データが有する幾何学的表現に基づいて高次元統計的推測が展開されることになる．

6) 文献 [6] の図 3 と図 4 から引用.

第3章

高次元データに対する主成分分析の問題点

本章では，多変量解析の主成分分析 (principal component analysis: PCA)[1]を高次元データに用いると，どのような不都合が生じるかを説明します．PCA は，情報損失をできるだけ抑えつつ，データの次元圧縮や可視化を主な目的としています．かつては，高々 10 次元程度のデータを想定していました．それが，昨今，次元数が数千から数万にものぼる高次元データが現れ，次元圧縮や可視化の必要性がさらに高まり，PCA の重要度が一層増したといえるでしょう．しかし，残念ながら，従来型の PCA をそのまま高次元データに用いても上手くいきません[2]．いわゆる「次元の呪い」を受けて，潜在空間の探索に致命的な間違いを犯すのです．本章では，固有値・固有ベクトル・主成分スコアについて，次元の呪いを解説し，従来型 PCA の問題点を明らかにします．

3.1 高次元データの固有値モデル

高次元データの特徴を捉えるために，比較的有名な 3 つの遺伝子発現データ（マイクロアレイデータ）を紹介する．1 つ目は，文献 [27] の白血病データで，遺伝子数は 7129，急性リンパ性白血病 (ALL) 患者の 47 サンプルと急性骨髄性白血病 (AML) 患者の 25 サンプルからなる．2 つ

[1] PCA の基本的な考え方は，多変量解析に関する多くの文献で解説されている．

[2] 文献 [59] を参照のこと．

表 3.1　3つの遺伝子発現データ（各々2つの群からなるマイクロアレイデータ）に対する第3固有値までの推定値．$\hat{\lambda}_{(s)}$ は標本固有値．$\tilde{\lambda}_{(s)}$ はノイズ掃き出し法，$\acute{\lambda}_{(s)}$ はクロスデータ行列法による推定値を表す．

	n	n/d	$\hat{\lambda}_{(1)}$, $\hat{\lambda}_{(2)}$, $\hat{\lambda}_{(3)}$	$\tilde{\lambda}_{(1)}$, $\tilde{\lambda}_{(2)}$, $\tilde{\lambda}_{(3)}$	$\acute{\lambda}_{(1)}$, $\acute{\lambda}_{(2)}$, $\acute{\lambda}_{(3)}$
遺伝子数 7129 $(= d)$ の白血病データ ([27])					
ALL	47	0.0066	1057, 801, 521	922, 681, 411	864, 540, 277
AML	25	0.0035	1296, 838, 671	1042, 611, 466	971, 474, 356
遺伝子数 12625 $(= d)$ の ALL データ ([22])					
B-cell	95	0.0075	2092, 1156, 915	1978, 1054, 822	2022, 870, 748
T-cell	33	0.0026	2028, 1230, 964	1686, 918, 674	1710, 1021, 611
プローブ数 47293 $(= d)$ の乳がんデータ ([46])					
ルミナル	84	0.0018	4836, 3419, 2364	4319, 2937, 1906	4072, 2704, 1681
非ルミナル	44	0.0009	5034, 4422, 3731	4027, 3499, 2878	4169, 3208, 2750

目は，文献 [22] の ALL データで，遺伝子数は 12625，B-cell タイプの 95 サンプルと T-cell タイプの 33 サンプルからなる．3つ目は，文献 [46] の乳がんデータで，プローブ数は 47293，ルミナルタイプの 84 サンプルと非ルミナルタイプの 44 サンプルからなる．データはすべて $\{d/\mathrm{tr}(\boldsymbol{S}_n)\}^{1/2}\boldsymbol{x}_j$ と標準化した．すなわち，$\sum_{s=1}^{d}\hat{\lambda}_{(s)} = d$ である．各データセットについて，母集団の最初の3つの固有値 $\lambda_{(s)}, s = 1, 2, 3$ を推定したものが，表 3.1 である．後に説明するが，標本共分散行列 $\boldsymbol{S}_n$ の固有値 $\hat{\lambda}_{(s)}$（今後，**標本固有値** (sample eigenvalue) とよぶ）は，これらを過大に見積もる性質がある．そこで，第4章で紹介するノイズ掃き出し法とクロスデータ行列法を用いて，(4.6) 式と (4.17) 式で与えられる $\tilde{\lambda}_{(s)}$ と $\acute{\lambda}_{(s)}$ も併せて計算した．図 3.1 は，第15固有値までのノイズ掃き出し法による推定値 $\tilde{\lambda}_{(s)}$ をプロットしたものである．最初のいくつかの固有値が飛び抜けて大きく，他の固有値は相対的に小さなものであることが見てとれる．さらに，データセット間で比較すると，最初のいくつかの固有値は次元数に依存して大きな値をとることがうかがえる．

文献 [15, 37, 38, 41, 50] は，高次元の固有値を研究した初期の論文である．これらは，$\boldsymbol{\Sigma}$ の固有値に**スパイクモデル** (spiked model) とよばれる次のようなモデルを仮定していた．

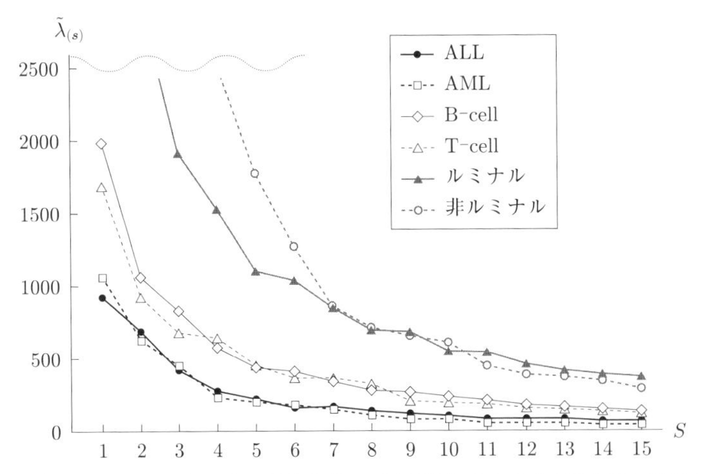

図 3.1　表 3.1 のデータセットに対する第 15 固有値までのノイズ掃き出し法による推定値

$$\lambda_{(1)}, ..., \lambda_{(m)} \text{ は 1 よりも大きい，} d \text{ に依存しない定数}$$
$$\lambda_{(m+1)} = \cdots = \lambda_{(d)} = 1 \tag{3.1}$$

スパイクモデル (3.1) は，最初の m 個の固有値が残りの固有値と比べて少しスパイクしていることを意味している．このモデルのもと，d と n が同じオーダーで発散する高次元大標本 ($d/n \to c > 0$) の枠組みで，多くの研究者が標本固有値の漸近的な振る舞いを研究した．例えば，文献 [37, 38, 50] は母集団に正規分布を仮定して，文献 [15, 41] は正規分布を仮定しないものの限定的な条件を仮定して，標本固有値の漸近理論を研究している．

スパイクモデル (3.1) の前半 ($\lambda_{(1)}, ..., \lambda_{(m)}$) が，推定の対象となる潜在的な固有空間である．しかし，固有値が次元数 d に依存しないという設定は，表 3.1 や図 3.1 を見ると，実際のデータからひどく乖離しているといわざるを得ない．スパイクモデル (3.1) の後半（$\lambda_{(s)}$ の $m+1$ 番目以降）は，$\lambda_{(s)}$，$s = 1, ..., m$ を推定する際にノイズとなる部分である．しかし，すべてのノイズが等しいという設定は，数学的な扱いの都合でしかなく，現実には厳しい制約となる．こういった背景から，Yata and

Aoshima [59] において，次のような**一般化スパイクモデル** (generalized spiked model) が考えられた[3]．

$$\lambda_{(s)} = c_{(s)} d^{\alpha_{(s)}} \quad (s = 1, ..., m)$$
$$\lambda_{(s)} = c_{(s)} \quad (s = m+1, ..., d) \tag{3.2}$$

ここで，$c_{(s)}$ (> 0)，$\alpha_{(s)}$ $(\alpha_{(1)} \geq \cdots \geq \alpha_{(m)} > 0)$ はともに d に依存しない未知の実数，m は d に依存しない未知の自然数で，これらのパラメータは $\lambda_{(1)} \geq \cdots \geq \lambda_{(d)}$ なる大小関係を満たすものとする．

本章は，一般化スパイクモデル (3.2) を仮定する．いま，

$$\kappa = \sum_{s=m+1}^{d} \lambda_{(s)}$$

とおく．ノイズとなる部分（$\lambda_{(s)}$ の $m+1$ 番目以降）は

$$\frac{\sum_{s=m+1}^{d} \lambda_{(s)}^2}{\kappa^2} \to 0 \quad (d \to \infty) \tag{3.3}$$

となるので，球形条件 (2.4) を満たしていることに注意する．本章の目的は，従来型の主成分分析 (PCA) が高次元データに対してどのような問題点をもつのかを明らかにすることである．母集団分布は正規分布に限定しないが，説明を簡単にするために，(1.1) 式について

(A-i) $z_{j(s)}$，$s = 1, ..., d$ が互いに独立

を仮定する場合と仮定しない場合に分けて，従来型 PCA の高次元データに対する性質を論ずる．

---

[3] 一般化スパイクモデル (3.2) は，高次元データ空間の次元数と，それに伴う固有値の大きさ，そして，それを推定するための標本数との関係を見るための，簡便なモデルである．文献 [65] は，一般化スパイクモデル (3.2) を拡張したパワースパイクモデルとよばれるモデルを与え，高次元 PCA の漸近理論を構築している．

3.2 標本固有値の一致性と不一致性

しばらくは，$\boldsymbol{\mu}$ を既知として話を進める．(3.3) 式に注意すれば，ノイズとなる部分は仮定 (A-i) のもとで一致性条件 (2.5) が成立する．幾何学的表現 (2.12) を有するので，$d \to \infty$（n は固定）のときノイズ空間に

$$\frac{\sum_{s=m+1}^{d} \lambda_{(s)} \boldsymbol{z}_{(s)} \boldsymbol{z}_{(s)}^T}{\kappa} \xrightarrow{P} \boldsymbol{I}_n$$

が成り立つ．すなわち，一般化スパイクモデル (3.2) のノイズとなる部分に図 2.2 のような球面集中現象が起こり，固有ベクトルは方向が定まらず，固有値は定まるものの互いの差異がなくなる．実際，(2.9) 式と (2.11) 式から，次が成り立つ．

$$\begin{aligned}
\hat{\lambda}_{o(s)} &= \hat{\boldsymbol{u}}_{o(s)}^T \boldsymbol{S}_{oD,n} \hat{\boldsymbol{u}}_{o(s)} \\
&= \hat{\boldsymbol{u}}_{o(s)}^T \left(\sum_{s=1}^{m} \frac{\lambda_{(s)} \boldsymbol{z}_{(s)} \boldsymbol{z}_{(s)}^T}{n} \right) \hat{\boldsymbol{u}}_{o(s)} + \frac{\kappa}{n} \{1 + o_P(1)\} \qquad (3.4)
\end{aligned}$$

すなわち，固有値の推定量には

$$\frac{\kappa}{n} = O\left(\frac{d}{n}\right)$$

の大きさをもつノイズが入ってくる．これは，高次元小標本 $d/n \to \infty$ の枠組みにおいて，推定の対象となる潜在的な固有空間が巨大なノイズ球に埋もれてしまい，推定に不一致性が生じることを示唆している．PCA は次元を圧縮することで次元の呪いを回避する手法として期待されているのだが，実は，PCA 自体が**次元の呪い** (curse of dimensionality) を受けていたということである．

もう少し詳しく見ていこう．今後，標本数 n が次元数 d に依存するときは $n(d)$ と表し，特に

$$n(d) = d^{\gamma} \quad (\gamma \text{ は } d \text{ に依存しない正の定数})$$

とおくことにする．

まず，一般化スパイクモデル (3.2) において $m = 1$，$\alpha_{(1)} > 1/2$ とし

た，次の固有値モデルを考える．

$$\lambda_{(1)} = c_{(1)} d^{\alpha_{(1)}} \quad (\alpha_{(1)} > 1/2)$$
$$\lambda_{(s)} = c_{(s)} \quad (s = 2, ..., d) \tag{3.5}$$

マルコフの不等式を用いると，任意の $\tau > 0$ について，仮定 (A-i) のもと $d \to \infty$ のとき，次が成り立つ．

$$\Pr\left\{ \sum_{j=1}^{n} \left(\sum_{s=m+1}^{d} \frac{\lambda_{(s)}(z_{j(s)}^2 - 1)}{n\lambda_{(1)}} \right)^2 \ge \tau \right\}$$
$$\le \frac{\sum_{s,t=2}^{d} \lambda_{(s)}\lambda_{(t)} E\{(z_{j(s)}^2 - 1)(z_{j(t)}^2 - 1)\}}{\tau n \lambda_{(1)}^2} = O\left(\frac{d}{nd^{2\alpha_{(1)}}} \right) \to 0$$
$$\Pr\left\{ \sum_{j,k=1(j\neq k)}^{n} \left(\sum_{s=m+1}^{d} \frac{\lambda_{(s)} z_{j(s)} z_{k(s)}}{n\lambda_{(1)}} \right)^2 \ge \tau \right\}$$
$$\le \frac{\sum_{s=2}^{d} \lambda_{(s)}^2}{\tau \lambda_{(1)}^2} = O\left(\frac{d}{d^{2\alpha_{(1)}}} \right) \to 0$$

ここで，$\sum_{j,k=1(j\neq k)}^{n}$ は $j = k$ 以外の $j, k = 1, ..., n$ に関する総和を表す．いま，$\boldsymbol{e}_n = (e_1, ..., e_n)^T$ を長さ 1 ($\|\boldsymbol{e}_n\| = 1$) の任意の n 次（確率）ベクトルとおく．上記の結果と $\sum_{j=1}^{n} e_j^4 \le 1$, $\sum_{j,k=1(j\neq k)}^{n} e_j^2 e_k^2 \le 1$ に注意してシュワルツの不等式を用いると，仮定 (A-i) のもと，$d \to \infty$ で n は固定，もしくは，$d \to \infty$ で $n \to \infty$ のとき，次が成り立つ．

$$\left| \sum_{j=1}^{n} e_j^2 \sum_{s=m+1}^{d} \frac{\lambda_{(s)}(z_{j(s)}^2 - 1)}{n\lambda_{(1)}} \right|$$
$$\le \sqrt{\sum_{j=1}^{n} e_j^4} \sqrt{\sum_{j=1}^{n} \left(\sum_{s=2}^{d} \frac{\lambda_{(s)}(z_{j(s)}^2 - 1)}{n\lambda_{(1)}} \right)^2} = o_P(1)$$
$$\left| \sum_{j,k=1(j\neq k)}^{n} e_j e_k \sum_{s=m+1}^{d} \frac{\lambda_{(s)} z_{j(s)} z_{k(s)}}{n\lambda_{(1)}} \right|$$
$$\le \sqrt{\sum_{j,k=1(j\neq k)}^{n} e_j^2 e_k^2} \sqrt{\sum_{j,k=1(j\neq k)}^{n} \left(\sum_{s=2}^{d} \frac{\lambda_{(s)} z_{j(s)} z_{k(s)}}{n\lambda_{(1)}} \right)^2} = o_P(1) \tag{3.6}$$

それゆえ，(2.11) 式から

$$\frac{\boldsymbol{e}_n^T\boldsymbol{S}_{oD,n}\boldsymbol{e}_n}{\lambda_{(1)}}=\frac{(\boldsymbol{e}_n^T\boldsymbol{z}_{(1)})^2}{n}+\frac{\kappa}{n\lambda_{(1)}}+o_P(1)$$

となる．ここで，

$$\hat{\lambda}_{o(1)}=\max_{\boldsymbol{e}_n}(\boldsymbol{e}_n^T\boldsymbol{S}_{oD,n}\boldsymbol{e}_n)=\hat{\boldsymbol{u}}_{o(1)}^T\boldsymbol{S}_{oD,n}\hat{\boldsymbol{u}}_{o(1)}$$

と $|\boldsymbol{e}_n^T\boldsymbol{z}_{(1)}|\le\|\boldsymbol{z}_{(1)}\|$ に注意すれば，$\|\boldsymbol{z}_{(1)}\|>0$ のとき

$$\left|\hat{\boldsymbol{u}}_{o(1)}^T\frac{\boldsymbol{z}_{(1)}}{\|\boldsymbol{z}_{(1)}\|}\right|=1+o_P(1) \tag{3.7}$$

となる．そのとき，仮定 (A-i) のもとで，$d\to\infty$ で n は固定[4)]，もしくは，$d\to\infty$ で $n\to\infty$ のとき，次が成り立つ．

$$\frac{\hat{\lambda}_{o(1)}}{\lambda_{(1)}}=\frac{\|\boldsymbol{z}_{(1)}\|^2}{n}+\frac{\kappa}{n\lambda_{(1)}}+o_P(1) \tag{3.8}$$

第 1 項について，$n^{-1}\|\boldsymbol{z}_{(1)}\|^2=n^{-1}\sum_{j=1}^n z_{j(1)}^2$ なので，$n\to\infty$ のとき $n^{-1}\|\boldsymbol{z}_{(1)}\|^2=1+o_P(1)$ となる．したがって，$d\to\infty$ で $n\to\infty$ であれば

$$\frac{\hat{\lambda}_{o(1)}}{\lambda_{(1)}}=1+\frac{\kappa}{n\lambda_{(1)}}+o_P(1)$$

となる．標本数 n が次元数 d に依存するとき，第 2 項について，

$$\frac{\kappa}{n(d)\lambda_{(1)}}=O(d^{1-\alpha_{(1)}-\gamma})$$

となるので，仮定 (A-i) のもと $d\to\infty$ のとき，次が成り立つ．

---

4) n が固定の場合，(3.8) 式を示すためには $\Pr(\liminf_{d\to\infty}\|\boldsymbol{z}_{(1)}\|=0)=0$ なる正則条件も必要である．ここで，lim inf は下極限を表す．次章では，n が固定の場合を詳しく扱う．

$$\textbf{一致性：}\ \frac{\hat{\lambda}_{o(1)}}{\lambda_{(1)}} = 1 + o_P(1) \qquad (1-\alpha_{(1)}-\gamma<0\text{ のとき})$$

$$\textbf{不一致性：}\ \frac{\hat{\lambda}_{o(1)}}{\lambda_{(1)}} = 1 + \frac{\kappa}{n(d)\lambda_{(1)}} + o_P(1) \quad (1-\alpha_{(1)}-\gamma=0\text{ のとき})$$

$$\textbf{強不一致性：}\ \frac{\lambda_{(1)}}{\hat{\lambda}_{o(1)}} = o_P(1) \qquad (1-\alpha_{(1)}-\gamma>0\text{ のとき})$$

以上から，$\hat{\lambda}_{o(1)}$ が一致性をもつためには，標本数 n を次元数 d と $\lambda_{(1)}$ の大きさに依存して決めるべきだとわかる．

ここまでは $\boldsymbol{\mu}$ を既知としていたが，実際には，もちろん $\boldsymbol{\mu}$ は未知である．ここからは $\boldsymbol{\mu}$ を未知として，上記の結果をもとに，標本固有値の一致性について結論を与える．$\boldsymbol{X}-\overline{\boldsymbol{X}}=(\boldsymbol{X}-\boldsymbol{\mu}\mathbf{1}_n^T)\boldsymbol{P}_n$ に注意すれば，双対標本共分散行列 $\boldsymbol{S}_{D,n}$ について

$$(n-1)\boldsymbol{S}_{D,n} = n\boldsymbol{P}_n\boldsymbol{S}_{oD,n}\boldsymbol{P}_n$$

と書くことができる．ただし，$\boldsymbol{P}_n = \boldsymbol{I}_n - n^{-1}\mathbf{1}_n\mathbf{1}_n^T$ である．ここで，$\mathbf{1}_n^T\boldsymbol{S}_{D,n}\mathbf{1}_n=0$ に注意すれば，(1.4) 式から $\hat{\lambda}_{(s)}>0$ のとき

$$\hat{\boldsymbol{u}}_{(s)}^T\mathbf{1}_n = 0 \quad (\boldsymbol{P}_n\hat{\boldsymbol{u}}_{(s)} = \hat{\boldsymbol{u}}_{(s)}) \tag{3.9}$$

となる．(3.8) 式と同様にして，仮定 (A-i) と固有値モデル (3.5) のもとで，$d\to\infty$ で n は固定[5]，もしくは，$d\to\infty$ で $n\to\infty$ のとき，次が成り立つ．

---

[5] n が固定の場合，(3.10) 式が成り立つためには $\Pr(\liminf_{d\to\infty}\|\boldsymbol{P}_n\boldsymbol{z}_{(1)}\|=0)=0$ なる正則条件が必要となる．もしも，$\boldsymbol{z}_{(1)}$ が正規分布に従うならば，$\|\boldsymbol{P}_n\boldsymbol{z}_{(1)}\|^2=\sum_{j=1}^n(z_{j(1)}-\bar{z}_{(1),n})^2$ は自由度 $n-1$ のカイ二乗分布 χ^2_{n-1} に従い，正則条件は自ずと満たされる．

$$\frac{\hat{\lambda}_{(1)}}{\lambda_{(1)}} = \frac{\|\boldsymbol{P}_n \boldsymbol{z}_{(1)}\|^2}{n-1} + \frac{\kappa}{(n-1)\lambda_{(1)}} + o_P(1)$$
$$= \frac{1}{n-1}\sum_{j=1}^{n}(z_{j(1)} - \bar{z}_{(1),n})^2 + \frac{\kappa}{(n-1)\lambda_{(1)}} + o_P(1) \qquad (3.10)$$

ここで，$\bar{z}_{(1),n} = n^{-1}\sum_{j=1}^{n} z_{j(1)}$ である．第1項は，$n \to \infty$ のとき，$(n-1)^{-1}\sum_{j=1}^{n}(z_{j(1)} - \bar{z}_{(1),n})^2 = 1 + o_P(1)$ となる．したがって，$\hat{\lambda}_{o(1)}$ のときと同様に，固有値モデル (3.5) に対する $\hat{\lambda}_{(1)}$ の一致性と不一致性を示すことができる．

一般化スパイクモデル (3.2) に対しては，$\hat{\lambda}_{(s)}$ $(s = 1, ..., m)$ の一致性が次のように与えられる．

標本固有値の一致性 (Yata and Aoshima [59])

一般化スパイクモデル (3.2) に対して，

・(A-i) を仮定する場合，

(A-ii) $\alpha_{(s)} > 1$ のとき[6)]，$d \to \infty$ かつ $n \to \infty$

(A-iii) $\alpha_{(s)} \in (0,1]$ のとき，$d \to \infty$ かつ $\dfrac{d^{1-\alpha_{(s)}}}{n(d)} \to 0$

であれば，$\hat{\lambda}_{(s)}$ $(s = 1, ..., m)$ は次が成り立つ．

$$\frac{\hat{\lambda}_{(s)}}{\lambda_{(s)}} = 1 + o_P(1) \qquad (3.11)$$

・(A-i) を仮定しない場合，

(A-ii) $\alpha_{(s)} > 1$ のとき，$d \to \infty$ かつ $n \to \infty$

(A-iv) $\alpha_{(s)} \in (0,1]$ のとき，$d \to \infty$ かつ $\dfrac{d^{2-2\alpha_{(s)}}}{n(d)} \to 0$

であれば，(3.11) 式が成り立つ．

[6)] 正則条件 (1.3) のもと $\alpha_{(s)} \leq 1$ となるが，一致性を統一的に扱うために $\alpha_{(s)} > 1$ の場合も考える．

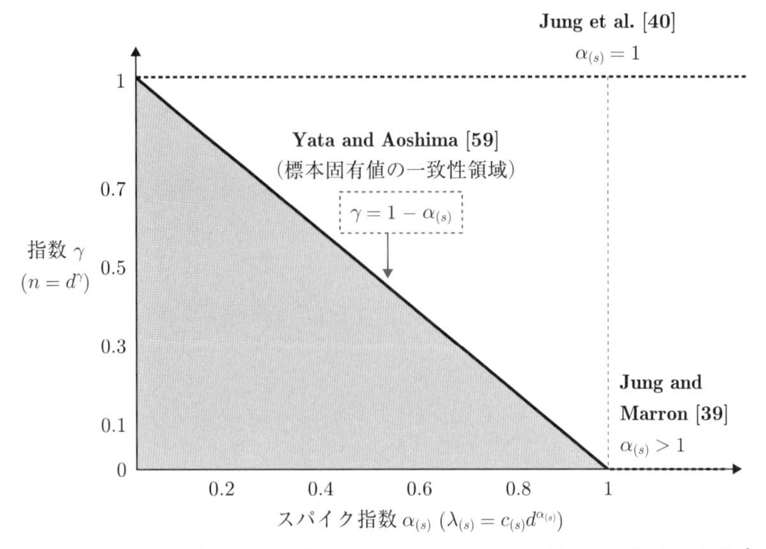

図 3.2 仮定 (A-i) のもと，一般化スパイクモデル (3.2) に対して，標本固有値 $\hat{\lambda}_{(s)}$ が一致性を有する白色の領域 $(\gamma > 1 - \alpha_{(s)})$ と，一致性を有さない灰色の領域（$\gamma \le 1 - \alpha_{(s)}$）．横軸はスパイク指数 $\alpha_{(s)}$ $(\lambda_{(s)} = c_{(s)} d^{\alpha_{(s)}})$，縦軸は指数 γ $(n = d^{\gamma})$.

一致性 (3.11) をもつためには，固有値のべきが $\alpha_{(s)} \in (0, 1]$ のとき，標本数 n を次元数 d に依存して決めるべきだとわかる[7]．(A-iii) を満たすためには，$d^{1-\alpha_{(s)}}/n(d) = O(d^{1-\alpha_{(s)}-\gamma})$ なので，$1 - \alpha_{(s)} - \gamma < 0$ となればよい．ここで，$1 - \alpha_{(s)} - \gamma < 0$ は，ノイズの主要項 $\kappa/n = O(d/n)$ が $\lambda_{(s)}$ と比べて十分に小さくなるための条件である．(A-i) を仮定する場合，(A-iii) は一致性の必要十分条件となり，もしも $1 - \alpha_{(s)} - \gamma \ge 0$ ならば $\hat{\lambda}_{(s)}$ は不一致性（もしくは強不一致性）が生じる．一方で，(A-i) を仮定しない場合，(A-iii) に替わる (A-iv) は一致性の十分条件である．

図 3.2 は，(A-i) を仮定する場合に，Yata and Aoshima [59] で証明された $\alpha_{(s)} < 1$ において一致性をもつ領域と，Jung and Marron [39] と Jung et al. [40] で証明された $\alpha_{(s)} \ge 1$ において一致性をもつ領域を示している．例えば，$d = 10000$ で $n = 100$ $(= d^{1/2})$ の場合，標本固有値が

[7] 証明は非常に複雑なため，本書では扱わない．文献 [59] を参照のこと．

一致性を有する領域は，(A-iii) の条件から $\alpha_{(s)} > 1/2$ の領域に限定される．(A-i) を仮定しない場合には，(A-iv) の条件から $\alpha_{(s)} > 3/4$ となり，推定対象となりうる固有値は一層狭まることになる．(A-i) を仮定できない例として，図 2.3 で扱った d 次元 t 分布のような散らばったノイズを考えると，それが $\lambda_{(s)}$ よりも小さくなるくらい大きな標本数 n が必要になるので，一致性をもつための条件は必然的に厳しくなる．(A-i) を仮定できる場合であっても，高次元小標本の枠組みでは，標本固有値が一致性を有するための制約が厳しく，それゆえ，標本固有値を推定に適用できる範囲はかなり限定的である．

3.3　標本固有ベクトルと主成分スコアの一致性と不一致性

本節では，一般化スパイクモデル (3.2) に対して，標本共分散行列 $\boldsymbol{S}_n$ の固有ベクトル $\hat{\boldsymbol{h}}_{(s)}$（今後，**標本固有ベクトル** (sample eigenvector) とよぶ）と主成分スコアが，対応するパラメータへの一致性をもつための条件を考える．

簡単のため，固有値モデル (3.5) のもとで，$\hat{\boldsymbol{h}}_{(1)}$ の高次元における漸近的性質を導出する．(1.6) 式に $\boldsymbol{X} - \overline{\boldsymbol{X}} = (\boldsymbol{X} - \boldsymbol{\mu}\boldsymbol{1}_n^T)\boldsymbol{P}_n$ を代入し，(2.10) 式に注意すれば，標本固有ベクトル $\hat{\boldsymbol{h}}_{(1)}$ は次のように表記できる．

$$\hat{\boldsymbol{h}}_{(1)} = \frac{\sum_{s=1}^{d} \sqrt{\lambda_{(s)}}\boldsymbol{h}_{(s)}\boldsymbol{z}_{(s)}^T\boldsymbol{P}_n}{\sqrt{(n-1)\hat{\lambda}_{(1)}}}\hat{\boldsymbol{u}}_{(1)} \tag{3.12}$$

(3.9) 式に注意する．(A-i) を仮定する場合，(3.7) 式と同様の結果から，$d \to \infty$，$n \to \infty$ のとき

$$\frac{\boldsymbol{z}_{(1)}^T\boldsymbol{P}_n}{\sqrt{n-1}}\hat{\boldsymbol{u}}_{(1)} = n^{-1/2}\boldsymbol{z}_{(1)}^T\hat{\boldsymbol{u}}_{(1)} + o_P(1) = 1 + o_P(1) \tag{3.13}$$

となることに注意する[8]．(3.12) 式に (3.10) 式と (3.13) 式を代入すれば，次が成り立つ．

[8] $\boldsymbol{h}_{(1)}^T\hat{\boldsymbol{h}}_{(1)} \geq 0$ ならば $\boldsymbol{z}_{(1)}^T\boldsymbol{P}_n\hat{\boldsymbol{u}}_{(1)} \geq 0$ となる．

$$\boldsymbol{h}_{(1)}^T\hat{\boldsymbol{h}}_{(1)} = \frac{\sqrt{\lambda_{(1)}}\boldsymbol{z}_{(1)}^T\boldsymbol{P}_n}{\sqrt{(n-1)\hat{\lambda}_{(1)}}}\hat{\boldsymbol{u}}_{(1)} = \frac{1}{\sqrt{1+\kappa/(n\lambda_{(1)})}} + o_P(1)$$

上記の結果から，標本固有値のときと同様に，もしも標本数 n が次元数 d と $\lambda_{(1)}$ の大きさに見合うくらい十分大きければ，標本固有ベクトル $\hat{\boldsymbol{h}}_{(1)}$ は一致性をもつことがわかる．

一般化スパイクモデル (3.2) に対する標本固有ベクトル $\hat{\boldsymbol{h}}_{(s)}$ $(s \le m)$ の一致性は，次のように与えられる．

標本固有ベクトルの一致性 (Yata and Aoshima [59])

一般化スパイクモデル (3.2) に対して，

・(A-i) を仮定する場合，

(A-ii) $\alpha_{(s)} > 1$ のとき，$d \to \infty$ かつ $n \to \infty$

(A-iii) $\alpha_{(s)} \in (0,1]$ のとき，$d \to \infty$ かつ $\dfrac{d^{1-\alpha_{(s)}}}{n(d)} \to 0$

であれば，単根の固有値 $\lambda_{(s)}$ $(s \le m)$ に対して，次が成り立つ．

$$\hat{\boldsymbol{h}}_{(s)}^T\boldsymbol{h}_{(s)} = 1 + o_P(1) \tag{3.14}$$

・(A-i) を仮定しない場合，

(A-ii) $\alpha_{(s)} > 1$ のとき，$d \to \infty$ かつ $n \to \infty$

(A-iv) $\alpha_{(s)} \in (0,1]$ のとき，$d \to \infty$ かつ $\dfrac{d^{2-2\alpha_{(s)}}}{n(d)} \to 0$

であれば，単根の固有値 $\lambda_{(s)}$ $(s \le m)$ に対して，(3.14) 式が成り立つ．

(3.14) 式は，$\|\boldsymbol{h}_{(s)}\| = \|\hat{\boldsymbol{h}}_{(s)}\| = 1$ に注意すれば，

$$\|\hat{\boldsymbol{h}}_{(s)} - \boldsymbol{h}_{(s)}\| = o_P(1) \quad \text{もしくは} \quad \mathrm{Angle}(\hat{\boldsymbol{h}}_{(s)}, \boldsymbol{h}_{(s)}) = o_P(1)$$

と同値である．なお，重根の固有値に対しては，対応する $\boldsymbol{\Sigma}$ の固有ベク

トルが一意に定まらないので，(3.14) 式のような一致性は成り立たない．

次に，標本主成分スコアを考える．主成分スコアとは（中心化した）データを主成分方向に正射影した座標のことであり，データ $\boldsymbol{x}_j$ の第 k 主成分スコアは，(1.1) 式から

$$(\boldsymbol{x}_j - \boldsymbol{\mu})^T \boldsymbol{h}_{(k)} = z_{j(k)}\sqrt{\lambda_{(k)}}\ (= s_{j(k)}\ \text{とおく})$$

で与えられる．そのとき，対応する**標本主成分スコア** (sample principal component score) は，

$$\hat{s}_{j(k)} = (\boldsymbol{x}_j - \bar{\boldsymbol{x}}_n)^T \hat{\boldsymbol{h}}_{(k)}$$

である．$\boldsymbol{S}_{D,n}$ の固有ベクトルの成分を $\hat{\boldsymbol{u}}_{(k)} = (\hat{u}_{1(k)}, \ldots, \hat{u}_{n(k)})^T$ とすると，(1.5) 式から

$$\hat{s}_{j(k)} = \hat{u}_{j(k)}\sqrt{(n-1)\hat{\lambda}_{(k)}} \tag{3.15}$$

と書ける．平均二乗誤差 (MSE: mean squared error) を考える．

$$\mathrm{MSE}(\hat{s}_{(k)}) = \frac{1}{n}\sum_{j=1}^{n}(\hat{s}_{j(k)} - s_{j(k)})^2$$

$\mathrm{Var}(s_{j(k)}) = \lambda_{(k)}$ に注意する．基準化した平均二乗誤差 $\lambda_{(k)}^{-1}\mathrm{MSE}(\hat{s}_{(k)})$ は，(3.15) 式から次のように表記できる．

$$\frac{\mathrm{MSE}(\hat{s}_{(k)})}{\lambda_{(k)}} = \frac{(n-1)\hat{\lambda}_{(k)}}{n\lambda_{(k)}} + \frac{\|\boldsymbol{z}_{(k)}\|^2}{n} - 2\sqrt{\frac{(n-1)\hat{\lambda}_{(k)}}{n\lambda_{(k)}}}\frac{\hat{\boldsymbol{u}}_{(k)}^T\boldsymbol{z}_{(k)}}{n^{1/2}}$$

(3.11) 式と，(3.13) 式と同様の結果を用いて，標本主成分スコアの一致性を調査することができる．一般化スパイクモデル (3.2) に対する標本主成分スコア $\hat{s}_{j(k)}$ $(k \le m)$ の一致性は，次のように与えられる．

標本主成分スコアの一致性 (Yata and Aoshima [59])

一般化スパイクモデル (3.2) に対して，

・(A-i) を仮定する場合，

(A-ii)　$\alpha_{(k)} > 1$ のとき，$d \to \infty$ かつ $n \to \infty$

(A-iii)　$\alpha_{(k)} \in (0,1]$ のとき，$d \to \infty$ かつ $\dfrac{d^{1-\alpha_{(k)}}}{n(d)} \to 0$

であれば，単根の固有値 $\lambda_{(k)}$ $(k \le m)$ に対して，次が成り立つ．

$$\frac{\mathrm{MSE}(\hat{s}_{(k)})}{\lambda_{(k)}} = o_P(1) \tag{3.16}$$

・(A-i) を仮定しない場合，

(A-ii)　$\alpha_{(k)} > 1$ のとき，$d \to \infty$ かつ $n \to \infty$

(A-iv)　$\alpha_{(k)} \in (0,1]$ のとき，$d \to \infty$ かつ $\dfrac{d^{2-2\alpha_{(k)}}}{n(d)} \to 0$

であれば，単根の固有値 $\lambda_{(k)}$ $(k \le m)$ に対して，(3.16) 式が成り立つ．

本章で見たように，高次元データに対して従来型の PCA を適用できる範囲はかなり限定的である．次章では，高次元データに広く適用が可能な高次元 PCA を解説する．

第4章

高次元主成分分析

本章では,「ノイズ掃き出し法」と「クロスデータ行列法」という2つの高次元主成分分析(高次元PCA)を紹介します.これらの手法は,Yata and Aoshima [60, 61, 62, 65] において開発され,発展してきた方法論です.第2章で解説した高次元データ特有の幾何学的表現に基づいており,従来型のPCAと比べ,適用範囲は格段に広くなっています.第3章と同様に,一般化スパイクモデル (3.2)

$$\lambda_{(s)} = c_{(s)} d^{\alpha_{(s)}} \quad (s = 1, ..., m)$$
$$\lambda_{(s)} = c_{(s)} \quad (s = m+1, ..., d)$$

と,その特別な場合である固有値モデル (3.5)

$$\lambda_{(1)} = c_{(1)} d^{\alpha_{(1)}} \quad (\alpha_{(1)} > 1/2)$$
$$\lambda_{(s)} = c_{(s)} \quad (s = 2, ..., d)$$

を用いて,高次元PCAを解説することにします.

4.1 ノイズ掃き出し法による高次元PCA

母集団に第3章で扱った (A-i) を仮定する場合に[1],Yata and Aoshima [62] はノイズ掃き出し法を開発した.ノイズ掃き出し法は様々な場面に応用でき,例えば,プリンストン大学の Fan 教授らは,Wang and Fan [57]

[1] 仮定 (A-i) は,2次の無相関性に関する条件に緩められる.詳しくは,文献 [65] を参照のこと.

において，高次元共分散行列の逆行列 $\boldsymbol{\Sigma}^{-1}$ の推定にノイズ掃き出し法を応用している．

話を簡単にするために，第3章と同様に，(1.1) 式の $\boldsymbol{z}_j = (z_{j(1)}, ..., z_{j(d)})^T$ について

(A-i) $z_{j(s)}$, $s = 1, ..., d$ が互いに独立

を仮定する．そのとき，高次元におけるノイズ空間に図 2.2 で見たような球面集中現象が起こり，結果的に固有値モデル (3.5) に対して (3.10) 式が成立した．つまり，$d \to \infty$ で n は固定，もしくは，$d \to \infty$ で $n \to \infty$ のとき，次が成り立つ．

$$\frac{\hat{\lambda}_{(1)}}{\lambda_{(1)}} - \frac{\kappa}{(n-1)\lambda_{(1)}} = \frac{\sum_{j=1}^{n}(z_{j(1)} - \bar{z}_{(1),n})^2}{n-1} + o_P(1) \qquad (4.1)$$

ここで，$\kappa = \sum_{s=2}^{d} \lambda_{(s)}$, $\bar{z}_{(1),n} = n^{-1}\sum_{j=1}^{n} z_{j(1)}$ である．(4.1) 式は，も

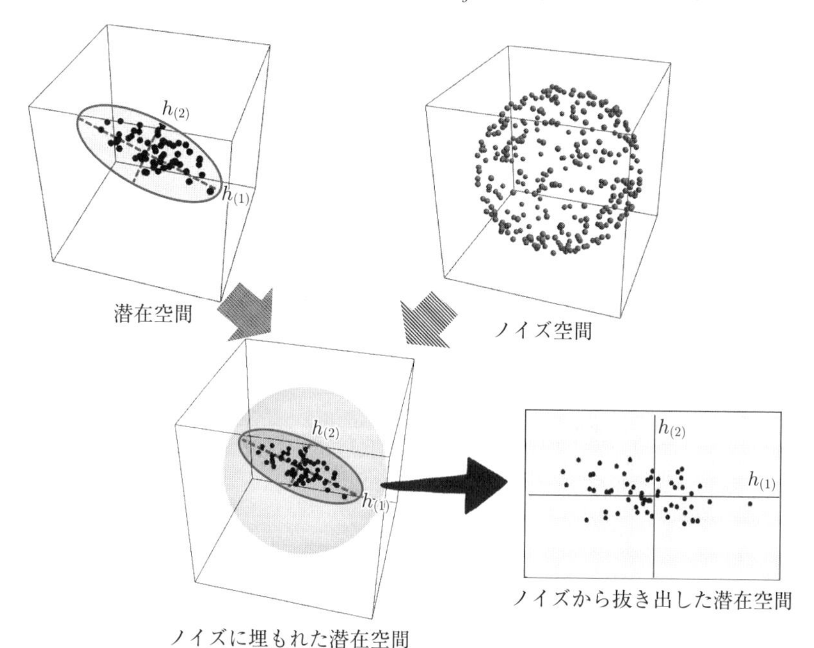

図 4.1 ノイズ掃き出し法のイメージ図.

しもノイズの主要項 $\kappa/(n-1)$ を推定し標本固有値から掃き出すことができれば，第 1 固有値の一致推定量が得られることを示唆している．

図 4.1 は，ノイズ掃き出し法のイメージ図である．高次元データの潜在空間（必要な情報が詰まった空間）は，巨大なノイズに埋もれている．もしも，ノイズ空間が図 2.2 のような球形であれば，主成分の方向を曲げることなくノイズ空間から潜在空間を抜き出すことができる．しかし，そうであっても，(3.10) 式のように巨大なノイズの影響で固有値は過剰に見積もられるので，このままでは潜在空間がもつ情報を正しく評価することができない．そこで，固有値の過剰な見積もり分となったノイズの主要項 $\kappa/(n-1)$ を (4.1) 式のように掃き出して推定を補正し，それに伴い PCA の各種特徴量も補正する．これが，ノイズ掃き出し法という高次元 PCA のアイディアである．

4.2 ノイズ掃き出し法による固有値推定の一致性と漸近分布

本節では，(1.1) 式について (A-i) を仮定する．固有値モデル (3.5) のもとで，当面，話を進める．まず，

$$\boldsymbol{X}-\overline{\boldsymbol{X}}=\boldsymbol{H}\boldsymbol{\Lambda}^{1/2}(\boldsymbol{z}_{(1)},\dots,\boldsymbol{z}_{(d)})^T\boldsymbol{P}_n$$

から，標本共分散行列のトレースが次のように書けることに注意する．

$$\mathrm{tr}(\boldsymbol{S}_n)=\mathrm{tr}(\boldsymbol{S}_{D,n})=\sum_{s=1}^{d}\frac{\lambda_{(s)}\sum_{j=1}^{n}(z_{j(s)}-\bar{z}_{(s),n})^2}{n-1} \tag{4.2}$$

ここで，$\bar{z}_{(s),n}=n^{-1}\sum_{j=1}^{n}z_{j(s)}$ である．マルコフの不等式により，任意の $\varepsilon>0$ に対して，$d\to\infty$ で n は固定，もしくは，$d\to\infty$ で $n\to\infty$ のとき，次が成り立つ．

$$
\begin{aligned}
&\Pr\left\{\left(\sum_{s=2}^{d}\frac{\lambda_{(s)}\sum_{j=1}^{n}(z_{j(s)}-\bar{z}_{(s),n})^2}{(n-1)\lambda_{(1)}}-\frac{\kappa}{\lambda_{(1)}}\right)^2\geq\varepsilon\right\}\\
&=\Pr\left\{\left(\sum_{s=2}^{d}\frac{\lambda_{(s)}\{\sum_{j=1}^{n}(z_{j(s)}-\bar{z}_{(s),n})^2-(n-1)\}}{(n-1)\lambda_{(1)}}\right)^2\geq\varepsilon\right\}\\
&=O\left\{\sum_{s=2}^{d}\frac{\lambda_{(s)}^2E\big(\{\sum_{j=1}^{n}(z_{j(s)}-\bar{z}_{(s),n})^2-(n-1)\}^2\big)}{n^2\lambda_{(1)}^2}\right\}\\
&=O\left(\frac{d}{n\lambda_{(1)}^2}\right)\to 0
\end{aligned}
$$

それゆえ，(4.2) 式から次が成り立つ．

$$
\frac{\mathrm{tr}(\boldsymbol{S}_{D,n})-\kappa}{\lambda_{(1)}}=\frac{\sum_{j=1}^{n}(z_{j(1)}-\bar{z}_{(1),n})^2}{n-1}+o_P(1) \tag{4.3}
$$

そこで，(4.1) 式と (4.3) 式を組み合わせて

$$
\tilde{\lambda}_{(1)}=\hat{\lambda}_{(1)}-\frac{\mathrm{tr}(\boldsymbol{S}_{D,n})-\hat{\lambda}_{(1)}}{n-2} \tag{4.4}
$$

とおけば，$d\to\infty$ で n は固定，もしくは，$d\to\infty$ で $n\to\infty$ のとき，次が成り立つ．

$$
\frac{\tilde{\lambda}_{(1)}}{\lambda_{(1)}}=\frac{\sum_{j=1}^{n}(z_{j(1)}-\bar{z}_{(1),n})^2}{n-1}+o_P(1) \tag{4.5}
$$

そのとき，$n\to\infty$ であれば $(n-1)^{-1}\sum_{j=1}^{n}(z_{j(s)}-\bar{z}_{(s),n})^2=1+o_P(1)$ となるので，$n\to\infty$ のとき一致性が示せる．

以上の考察から，$\alpha_{(1)}>1/2$ であれば，$n=\log d$ 程度の小標本であっても，$d\to\infty$ のとき $\tilde{\lambda}_{(1)}/\lambda_{(1)}=1+o_P(1)$ なる一致性が成り立つ．第3章で与えた標本固有値が一致性をもつための条件は，

(A-iii) $\alpha_{(s)}\in(0,1]$ のとき，$d\to\infty$ かつ $\dfrac{d^{1-\alpha_{(s)}}}{n(d)}\to 0$

であった．ここで，$n(d)=d^{\gamma}$（γ は d に依存しない正の定数）である．(4.4) 式は，標本固有値よりも緩い条件のもとで，一致性を有することが

わかる．Yata and Aoshima [62] は，(4.4) 式を一般化した次のような固有値の推定を考え，**ノイズ掃き出し法** (noise-reduction methodology) と名付けた．

$$\tilde{\lambda}_{(s)} = \hat{\lambda}_{(s)} - \frac{\mathrm{tr}(\boldsymbol{S}_{D,n}) - \sum_{t=1}^{s} \hat{\lambda}_{(t)}}{n-1-s} \quad (s = 1, ..., \min\{d, n-2\}) \tag{4.6}$$

ここで，確率 1 で $\tilde{\lambda}_{(s)} \geq 0$ $(s = 1, ..., \min\{d, n-2\})$ となることに注意する．推定量 (4.6) の第 2 項が，ノイズの主要項を掃き出す効果をもつ．一般化スパイクモデル (3.2) に対する $\tilde{\lambda}_{(s)}$ の一致性は，次のように与えられる．

ノイズ掃き出し法による固有値推定の一致性 (Yata and Aoshima [62])

(A-i) を仮定する．一般化スパイクモデル (3.2) に対して，

(B-i)　$\alpha_{(s)} > 1/2$ のとき，$d \to \infty$ かつ $n \to \infty$

(B-ii)　$\alpha_{(s)} \in (0, 1/2]$ のとき，$d \to \infty$ かつ $\dfrac{d^{1-2\alpha_{(s)}}}{n(d)} \to 0$

であれば，$\tilde{\lambda}_{(s)}$ $(s = 1, ..., m)$ は次が成り立つ．

$$\frac{\tilde{\lambda}_{(s)}}{\lambda_{(s)}} = 1 + o_P(1) \tag{4.7}$$

図 4.2 は，ノイズ掃き出し法による固有値推定が一致性を有する領域を示す．図 3.2 と比べると，標本固有値よりも一致性を有する領域が広がっていることがわかる．ノイズの主要項 $\kappa/(n-1)$ を掃き出したことで，一致性をもつための標本数 n の条件が緩和されたのである．

次に，$\tilde{\lambda}_{(s)}$ の漸近分布を導出する．まず，n を固定した場合を考える．基準化した第 1 主成分スコア $\boldsymbol{z}_{(1)} = (z_{1(1)}, ..., z_{n(1)})^T$ について，次を仮定する．

(B-iii)　$z_{j(1)}$ $(j = 1, ..., n)$ が $N(0, 1)$ に従う

(B-iii) は，第 1 主成分スコアにのみ正規性を仮定している．$\boldsymbol{x}_j$ そのもの

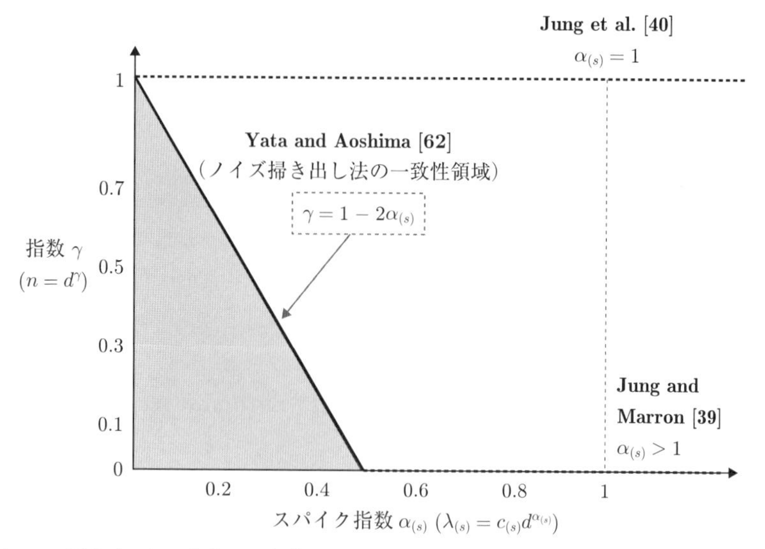

図 4.2 仮定 (A-i) のもと，一般化スパイクモデル (3.2) に対して，ノイズ掃き出し法による推定量 $\tilde{\lambda}_{(s)}$ が一致性を有する白色の領域 $(\gamma > 1 - 2\alpha_{(s)})$ と一致性を有さない灰色の領域 $(\gamma \le 1 - 2\alpha_{(s)})$．横軸はスパイク指数 $\alpha_{(s)}$ $(\lambda_{(s)} = c_{(s)}d^{\alpha_{(s)}})$，縦軸は指数 γ $(n = d^\gamma)$．

に正規分布を仮定するよりも緩い条件である．文献 [36] の 3 節では，仮定 (B-iii) の検定法を与えている．(B-iii) のもと $\|\boldsymbol{P}_n\boldsymbol{z}_{(1)}\|^2 = \sum_{j=1}^n (z_{j(1)} - \bar{z}_{(1),n})^2$ は自由度 $n-1$ のカイ二乗分布 χ^2_{n-1} に従う．(4.5) 式にスラツキーの定理を適用すれば，$d \to \infty$ で n は固定のとき，次が成り立つ．

$$(n-1)\frac{\tilde{\lambda}_{(1)}}{\lambda_{(1)}} \xrightarrow{\mathcal{L}} \chi^2_{n-1} \tag{4.8}$$

ここで，$\xrightarrow{\mathcal{L}}$ は分布収束を表す．一般化スパイクモデル (3.2) に対しては，次のようにまとめられる．

$\tilde{\lambda}_{(1)}$ の漸近分布（n が固定の場合，Ishii et al. [36]）

(A-i) と (B-iii) を仮定する．一般化スパイクモデル (3.2) に対して，$\alpha_{(1)} > 1/2$ かつ $\lambda_{(2)}/\lambda_{(1)} \to 0$ $(d \to \infty)$ ならば，(4.8) 式が成り立つ．

漸近分布 (4.8) は，$n = 5$ 程度でもよい近似を与える．寄与率の信頼区間を構築することにも応用できる．詳細は，文献 [36] を参照のこと．

次に，$n \to \infty$ の場合を考える．そのとき，(4.1) 式はより精密に評価できる．固有値モデル (3.5) に対して，$d \to \infty$ かつ $n \to \infty$ のとき，次が成り立つ[2)]．

$$\frac{\hat{\lambda}_{(1)}}{\lambda_{(1)}} - \frac{\kappa}{(n-1)\lambda_{(1)}} = \frac{\sum_{j=1}^{n}(z_{j(1)} - \bar{z}_{(1),n})^2}{n-1} + o_P(n^{-1/2}) \tag{4.9}$$

(4.3) 式と (4.9) 式から，次が成り立つ．

$$\frac{\tilde{\lambda}_{(1)}}{\lambda_{(1)}} = \frac{\sum_{j=1}^{n}(z_{j(1)} - \bar{z}_{(1),n})^2}{n-1} + o_P(n^{-1/2})$$

モーメント条件 (1.2) に注意して中心極限定理を用いれば，次が成り立つ．

$$\sqrt{\frac{n-1}{M_{(1)}}}\left(\frac{\sum_{j=1}^{n}(z_{j(1)} - \bar{z}_{(1),n})^2}{n-1} - 1\right) \xrightarrow{\mathcal{L}} N(0,1) \quad (n \to \infty)$$

つまり，$d \to \infty$ かつ $n \to \infty$ のとき，次の**漸近正規性** (asymptotic normality) が主張できる[3)]．

$$\sqrt{\frac{n}{M_{(1)}}}\left(\frac{\tilde{\lambda}_{(1)}}{\lambda_{(1)}} - 1\right) \xrightarrow{\mathcal{L}} N(0,1)$$

一般化スパイクモデル (3.2) に対しては，次のようにまとめられる．

[2)] (4.9) 式の証明は割愛する．詳細は，文献 [62] の補題 5 を参照のこと．

[3)] (B-iii) を仮定するとき，$M_{(1)} = 2$ となる．

$\tilde{\boldsymbol{\lambda}}_{(s)}$ の漸近分布（$\boldsymbol{n \to \infty}$ の場合，Yata and Aoshima [62]）

(A-i) を仮定する．一般化スパイクモデル (3.2) に対して，

(B-i) $\alpha_{(s)} > 1/2$ のとき，$d \to \infty$ かつ $n \to \infty$

(B-iv) $\alpha_{(s)} \in (0, 1/2]$ のとき，$d \to \infty$ かつ $\dfrac{d^{2-4\alpha_{(s)}}}{n(d)} \to 0$

であれば，単根の固有値 $\lambda_{(s)}$ $(s \le m)$ に対して，次が成り立つ．

$$\sqrt{\frac{n}{M_{(s)}}}\left(\frac{\tilde{\lambda}_{(s)}}{\lambda_{(s)}} - 1\right) \xrightarrow{\mathcal{L}} N(0,1) \tag{4.10}$$

(4.10) 式から，高次元において二乗誤差 $(\tilde{\lambda}_{(s)}/\lambda_{(s)} - 1)^2$ は $M_{(s)}/n$ に近づくことがわかる．さらに，$\tilde{\lambda}_{(s)} = \lambda_{(s)} + O_P(n^{-1/2}\lambda_{(s)})$ となる．すなわち，もしも $n^{-1/2}\lambda_{(s)} = o(1)$ ならば，

$$\tilde{\lambda}_{(s)} = \lambda_{(s)} + o_P(1) \tag{4.11}$$

なる一致性が得られる．例えば，$\alpha_{(s)} > 1/2$ の場合，低次元大標本の枠組み $(d/n \to 0)$ でない限り，$n^{-1/2}\lambda_{(s)} = o(1)$ なる条件は満たされない．つまり，高次元小標本の枠組みでは，(4.11) 式を主張することは難しい．とはいえ，高次元空間では $\lambda_{(s)}$ も d に依存して発散するので，(4.11) 式の意味での一致性が成立しなくても，(4.7) 式もしくは (4.10) 式が主張できれば，潜在空間の大きさを見積もることができるので，応用上は支障がない．実際，Aoshima and Yata [10, 11] では，(4.10) 式から得られる誤差評価を使って，高次元 PCA と高次元統計的推測を融合させた新たな高次元統計解析を展開している[4]．

ノイズ掃き出し法による固有値推定の精度を，シミュレーション実験で検証する．極めて単純な設定として，母集団分布を $N_d(\mathbf{0}, \boldsymbol{\Sigma})$ とし，$\boldsymbol{\Sigma}$

[4] 新たな高次元統計解析の展開は，内容がより専門的になるため，本書では扱わない．日本語による解説は，文献 [2] を参照のこと．

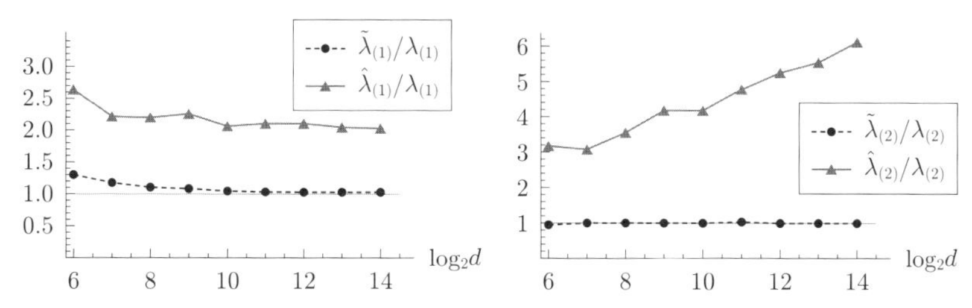

図 4.3 第 1 固有値（左）と第 2 固有値（右）について，ノイズ掃き出し法による $\tilde{\lambda}_{(s)}/\lambda_{(s)}$ と標本固有値による $\hat{\lambda}_{(s)}/\lambda_{(s)}$ の 1000 回の平均値．標本数は $n = \lceil d^{1/3} \rceil$ とした．

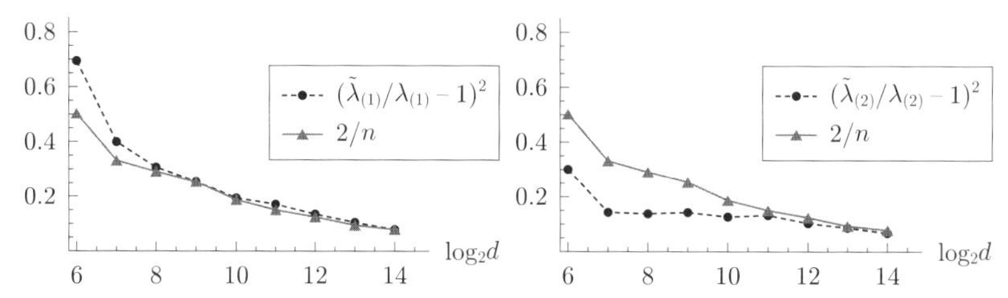

図 4.4 第 1 固有値（左）と第 2 固有値（右）について，ノイズ掃き出し法による $(\tilde{\lambda}_{(s)}/\lambda_{(s)} - 1)^2$ の 1000 回の平均値と理論値 $M_{(s)}/n = 2/n$．標本数は $n = \lceil d^{1/3} \rceil$ とした．

に $m = 2$ の一般化スパイクモデル $\boldsymbol{\Sigma} = \mathrm{diag}(d^{2/3}, d^{1/2}, 1, ..., 1)$ を考える．標本数は $n = \lceil d^{1/3} \rceil$，$d = 2^t$，$t = 6, ..., 14$ とした．ここで，$\lceil x \rceil$ は x 以上の最小の整数を表す．ノイズ掃き出し法による固有値推定 $\tilde{\lambda}_{(s)}$ と標本固有値 $\hat{\lambda}_{(s)}$ の精度を，第 1 固有値と第 2 固有値 $(s = 1, 2)$ について比較する．1000 回のシミュレーションを行い，図 4.3 では $\tilde{\lambda}_{(s)}/\lambda_{(s)}$ の平均値と $\hat{\lambda}_{(s)}/\lambda_{(s)}$ の平均値をプロットした．図 4.4 では，ノイズ掃き出し法による $(\tilde{\lambda}_{(s)}/\lambda_{(s)} - 1)^2$ の平均値と理論値 $M_{(s)}/n = 2/n$ をプロットした．図 4.3 と図 4.4 から，(4.7) 式の通り，次元数が上がるにつれてノイズ掃き出し法による $\tilde{\lambda}_{(s)}/\lambda_{(s)}$ が 1 に収束していく様子が見てとれる．さらに，$(\tilde{\lambda}_{(s)}/\lambda_{(s)} - 1)^2$ が $2/n$ に収束していく様子も見てとれる．一方，標本固有値 $\hat{\lambda}_{(s)}$ はよい結果を与えていない．特に $\hat{\lambda}_{(2)}$ は，ノイズの主要項が $\kappa/(n\lambda_{(2)}) = O(d^{1/6})$ となるので，次元数が上がるにつれて $\lambda_{(2)}$ から大きく乖離していく様子が見てとれる．ここでは割愛するが，設定を変

えて実験をしたときにも，ノイズ掃き出し法による固有値推定は標本固有値を著しく改良することが確認されている．

4.3 ノイズ掃き出し法による固有ベクトルと主成分スコアの一致推定

ノイズ掃き出し法による固有ベクトルの推定は，(1.6) 式にある標本固有値 $\hat{\lambda}_{(s)}$ を (4.6) 式の $\tilde{\lambda}_{(s)}$ で置き換えた

$$\tilde{\boldsymbol{h}}_{(s)} = \frac{(\boldsymbol{X}-\overline{\boldsymbol{X}})}{\sqrt{(n-1)\tilde{\lambda}_{(s)}}}\hat{\boldsymbol{u}}_{(s)} = \sqrt{\frac{\hat{\lambda}_{(s)}}{\tilde{\lambda}_{(s)}}}\hat{\boldsymbol{h}}_{(s)} \quad (s=1,...,\min\{d,n-2\})$$

で与えられる．

固有値モデル (3.5) を考える．(3.12) 式と同様に，$\tilde{\lambda}_{(1)}>0$ のとき

$$\tilde{\boldsymbol{h}}_{(1)} = \frac{\sum_{t=1}^{d}\sqrt{\lambda_{(t)}}\boldsymbol{h}_{(t)}\boldsymbol{z}_{(t)}^{T}\boldsymbol{P}_n}{\sqrt{(n-1)\tilde{\lambda}_{(1)}}}\hat{\boldsymbol{u}}_{(1)} \tag{4.12}$$

と書ける．そのとき，(3.13) 式と (4.7) 式から，仮定 (A-i) のもと，$d\to\infty$ かつ $n\to\infty$ のとき次が成り立つ．

$$\boldsymbol{h}_{(1)}^{T}\tilde{\boldsymbol{h}}_{(1)} = \frac{\sqrt{\lambda_{(1)}}\boldsymbol{z}_{(1)}^{T}\boldsymbol{P}_n}{\sqrt{(n-1)\tilde{\lambda}_{(1)}}}\hat{\boldsymbol{u}}_{(1)} = 1+o_P(1)$$

この結果を一般化スパイクモデル (3.2) に拡張するためには，(3.13) 式の一般化が必要となる．次の結果は，$\boldsymbol{S}_{D,n}$ の固有ベクトル $\hat{\boldsymbol{u}}_{(s)}$（ここでは特に，**双対標本固有ベクトル** (dual sample eigenvector) とよぶ）について，一致性を与えるものである．

双対標本固有ベクトルの一致性 (Yata and Aoshima [62])

(A-i) を仮定する．一般化スパイクモデル (3.2) に対して，

(B-i) $\alpha_{(s)} > 1/2$ のとき，$d \to \infty$ かつ $n \to \infty$

(B-ii) $\alpha_{(s)} \in (0, 1/2]$ のとき，$d \to \infty$ かつ $\dfrac{d^{1-2\alpha_{(s)}}}{n(d)} \to 0$

であれば，単根の固有値 $\lambda_{(s)}$ $(s \le m)$ に対して，次が成り立つ．

$$n^{-1/2}\boldsymbol{z}_{(s)}^T\hat{\boldsymbol{u}}_{(s)} = 1 + o_P(1) \tag{4.13}$$

一般に，$\tilde{\boldsymbol{h}}_{(s)}$ $(s \le m)$ についても，(4.12) 式と同様に式変形して，(4.7) 式と (4.13) 式を用いれば，次が成り立つ．

ノイズ掃き出し法による固有ベクトル推定の一致性

(A-i) を仮定する．一般化スパイクモデル (3.2) に対して，

(B-i) $\alpha_{(s)} > 1/2$ のとき，$d \to \infty$ かつ $n \to \infty$

(B-ii) $\alpha_{(s)} \in (0, 1/2]$ のとき，$d \to \infty$ かつ $\dfrac{d^{1-2\alpha_{(s)}}}{n(d)} \to 0$

であれば，単根の固有値 $\lambda_{(s)}$ $(s \le m)$ に対して，次が成り立つ．

$$\tilde{\boldsymbol{h}}_{(s)}^T\boldsymbol{h}_{(s)} = 1 + o_P(1) \tag{4.14}$$

なお，(4.14) 式は，確率 1 で $\|\tilde{\boldsymbol{h}}_{(s)}\| = \sqrt{\hat{\lambda}_{(s)}/\tilde{\lambda}_{(s)}} \ge 1$ なので，

$$\|\tilde{\boldsymbol{h}}_{(s)} - \boldsymbol{h}_{(s)}\| = o_P(1) \quad \text{もしくは} \quad \mathrm{Angle}(\tilde{\boldsymbol{h}}_{(s)}, \boldsymbol{h}_{(s)}) = o_P(1)$$

とは同値でないことに注意する．しかし，(4.14) 式の意味での一致性が，高次元平均ベクトルの検定や高次元共分散行列の同等性検定などにおいて重要になる．詳細は，文献 [10, 36] を参照のこと．

次に，ノイズ掃き出し法による主成分スコアの推定を考える．(3.15) 式にある標本固有値 $\hat{\lambda}_{(k)}$ を (4.6) 式の $\tilde{\lambda}_{(k)}$ で置き換えた

$$\tilde{s}_{j(k)} = \hat{u}_{j(k)}\sqrt{(n-1)\tilde{\lambda}_{(k)}} \quad (k=1,...,\min\{d,n-2\}) \tag{4.15}$$

が，ノイズ掃き出し法による主成分スコアの推定である．そのとき，$\tilde{s}_{j(k)}$ の平均二乗誤差は

$$\mathrm{MSE}(\tilde{s}_{(k)}) = \frac{1}{n}\sum_{j=1}^{n}(\tilde{s}_{j(k)} - s_{j(k)})^2$$

で計算される．(4.7) 式と (4.13) 式から，次が成り立つ．

ノイズ掃き出し法による主成分スコア推定の一致性

(A-i) を仮定する．一般化スパイクモデル (3.2) に対して，

(B-i) $\alpha_{(k)} > 1/2$ のとき，$d \to \infty$ かつ $n \to \infty$

(B-ii) $\alpha_{(k)} \in (0, 1/2]$ のとき，$d \to \infty$ かつ $\dfrac{d^{1-2\alpha_{(k)}}}{n(d)} \to 0$

であれば，単根の固有値 $\lambda_{(k)}$ $(k \le m)$ に対して，次が成り立つ．

$$\frac{\mathrm{MSE}(\tilde{s}_{(k)})}{\lambda_{(k)}} = o_P(1) \tag{4.16}$$

(A-i) が仮定されるとき，ノイズ掃き出し法による固有ベクトルと主成分スコアの推定は，従来型 PCA を著しく改良することが確認されている．なお，Wang and Fan [57] は，$\boldsymbol{\Sigma}^{-1}$ の推定にノイズ掃き出し法を応用している．また，Yata and Aoshima [68] は，信号行列の推定にノイズ掃き出し法を応用している．

4.4　クロスデータ行列法による高次元 PCA

母集団に (A-i) を仮定できない場合，図 2.3 のような座標軸集中現象も考慮に入れなければならず，ノイズの大きさが定まらないために，問題は格段に難しくなる．Yata and Aoshima [60, 61] は，母集団分布の仮定を必要としないクロスデータ行列法という高次元 PCA を考案した．

クロスデータ行列法は次のような手法である．データ行列 $\boldsymbol{X}$ を無作為に 2 つに分割して，$d \times n_{(l)}$ 部分行列 $\boldsymbol{X}_l = (\boldsymbol{x}_{1,l}, ..., \boldsymbol{x}_{n_{(l)},l}), l = 1, 2$ を定義する．ここで，$n_{(1)} = \lceil n/2 \rceil$，$n_{(2)} = n - n_{(1)}$ である．$\overline{\boldsymbol{X}}_l = (\bar{\boldsymbol{x}}_l, ..., \bar{\boldsymbol{x}}_l) = \bar{\boldsymbol{x}}_l \boldsymbol{1}_{n_{(l)}}^T$, $\bar{\boldsymbol{x}}_l = n_{(l)}^{-1} \sum_{j=1}^{n_{(l)}} \boldsymbol{x}_{j,l}$ $(l = 1, 2)$ とおく．そのとき，2 つの行列

$$\boldsymbol{S}_{D(1),n} = \frac{(\boldsymbol{X}_1 - \overline{\boldsymbol{X}}_1)^T (\boldsymbol{X}_2 - \overline{\boldsymbol{X}}_2)}{\sqrt{(n_{(1)} - 1)(n_{(2)} - 1)}} = \frac{\boldsymbol{P}_{n_{(1)}} \boldsymbol{X}_1^T \boldsymbol{X}_2 \boldsymbol{P}_{n_{(2)}}}{\sqrt{(n_{(1)} - 1)(n_{(2)} - 1)}}$$
$$\boldsymbol{S}_{D(2),n} = \boldsymbol{S}_{D(1),n}^T$$

を**クロスデータ行列** (cross data matrix) とよぶ．ここで，$\boldsymbol{P}_{n_{(l)}} = \boldsymbol{I}_{n_{(l)}} - n_{(l)}^{-1} \boldsymbol{1}_{n_{(l)}} \boldsymbol{1}_{n_{(l)}}^T$ である．いま，$\mathrm{rank}(\boldsymbol{S}_{D(1),n}) \le n_{(2)} - 1$ に注意して，$\boldsymbol{S}_{D(1),n}$ の特異値分解を

$$\boldsymbol{S}_{D(1),n} = \sum_{s=1}^{n_{(2)}-1} \acute{\lambda}_{(s)} \acute{\boldsymbol{u}}_{(s),1} \acute{\boldsymbol{u}}_{(s),2}^T \tag{4.17}$$

とおく．ここで，$\acute{\lambda}_{(1)} \ge \cdots \ge \acute{\lambda}_{(n_{(2)}-1)}$ (≥ 0) は $\boldsymbol{S}_{D(1),n}$ の特異値，$\acute{\boldsymbol{u}}_{(s),1}$ は左特異ベクトル，$\acute{\boldsymbol{u}}_{(s),2}$ は右特異ベクトルである．特異値分解 (4.17) に基づく各種方法論を総称して**クロスデータ行列法** (cross-data-matrix methodology) という．例えば，$\boldsymbol{\Sigma}$ の固有値 $\lambda_{(s)}$，固有ベクトル $\boldsymbol{h}_{(s)}$，主成分スコア $s_{j(k)}$ は，クロスデータ行列法を用いて次のように推定される．

【クロスデータ行列法による各種推定量】

（手順1） $\boldsymbol{X} = (\boldsymbol{x}_1, ..., \boldsymbol{x}_n)$ を無作為に2分割し[5]，$\boldsymbol{X}_1 = (\boldsymbol{x}_{1,1}, ..., \boldsymbol{x}_{n_{(1)},1})$，$\boldsymbol{X}_2 = (\boldsymbol{x}_{1,2}, ..., \boldsymbol{x}_{n_{(2)},2})$ とおく．

（手順2） クロスデータ行列 $\boldsymbol{S}_{D(1),n}$ と $\boldsymbol{S}_{D(2),n} = \boldsymbol{S}_{D(1),n}^T$ を計算する．

（手順3） 対称行列 $\boldsymbol{S}_{D(1),n}\boldsymbol{S}_{D(2),n}$ の固有値 $\acute{\lambda}_{(1)}^2 \geq \cdots \geq \acute{\lambda}_{(n_{(2)}-1)}^2$ (≥ 0) と，対応する固有ベクトル $\acute{\boldsymbol{u}}_{(s),1}$ を計算する．$\boldsymbol{\Sigma}$ の固有値 $\lambda_{(s)}$ を $\boldsymbol{S}_{D(1),n}$ の特異値 $\acute{\lambda}_{(s)} = \sqrt{\acute{\lambda}_{(s)}^2}$ で推定する．

（手順4） 対称行列 $\boldsymbol{S}_{D(2),n}\boldsymbol{S}_{D(1),n}$ の固有ベクトル $\acute{\boldsymbol{u}}_{(s),2}$ を計算し，$\acute{\boldsymbol{u}}_{(s),2} = \mathrm{Sign}(\acute{\boldsymbol{u}}_{(s),1}^T\boldsymbol{S}_{D(1),n}\acute{\boldsymbol{u}}_{(s),2})\acute{\boldsymbol{u}}_{(s),2}$ で符号を調整する．

（手順5） 上で求めた特異値 $\acute{\lambda}_{(s)}$ と特異ベクトル $\acute{\boldsymbol{u}}_{(s),l}$，$l = 1, 2$ に基づいて

$$\acute{\boldsymbol{h}}_{(s)} = \frac{1}{2\sqrt{\acute{\lambda}_{(s)}}}\left(\frac{(\boldsymbol{X}_1 - \overline{\boldsymbol{X}}_1)\acute{\boldsymbol{u}}_{(s),1}}{\sqrt{n_{(1)} - 1}} + \frac{(\boldsymbol{X}_2 - \overline{\boldsymbol{X}}_2)\acute{\boldsymbol{u}}_{(s),2}}{\sqrt{n_{(2)} - 1}}\right)$$

を計算し，固有ベクトル $\boldsymbol{h}_{(s)}$ を $\acute{\boldsymbol{h}}_{(s)*} = \acute{\boldsymbol{h}}_{(s)}/\|\acute{\boldsymbol{h}}_{(s)}\|$ で推定する．

（手順6） $\boldsymbol{S}_{D(1),n}$ の特異ベクトルを $\acute{\boldsymbol{u}}_{(s),l} = (\acute{u}_{1(s),l}, ..., \acute{u}_{n_{(l)}(s),l})^T$ $(l = 1, 2)$ と成分表示する．$\boldsymbol{S}_{D(1),n}$ の特異値と特異ベクトルに基づいて，$\boldsymbol{x}_{j,l}$ $(l = 1, 2)$ の第 k 主成分スコアを

$$\acute{s}_{j(k),l} = \acute{u}_{j(k),l}\sqrt{(n_{(l)} - 1)\acute{\lambda}_{(k)}}$$

で推定する．各 k で，$\acute{s}_{1(k),1}, ..., \acute{s}_{n_{(1)}(k),1}, \acute{s}_{1(k),2}, ..., \acute{s}_{n_{(2)}(k),2}$ に $\acute{s}_{j(k)}$，$j = 1, ..., n$ という通し番号を付ける．

クロスデータ行列 $\boldsymbol{S}_{D(1),n}$ の特異値分解に着目する理由は，高次元データの次のような幾何学的表現にある．$\boldsymbol{X}$ の分割に対応して各 $\boldsymbol{z}_{(s)} =$

[5] $\boldsymbol{X}_1$ と $\boldsymbol{X}_2$ の2分割は ${}_n\mathrm{C}_{n_{(1)}}$ 通りある．標本数 n が非常に小さいと結果が分割に影響される場合もあるが，とりあえず，単純に $\boldsymbol{X}_1 = (\boldsymbol{x}_1, ..., \boldsymbol{x}_{n_{(1)}})$，$\boldsymbol{X}_2 = (\boldsymbol{x}_{n_{(1)}+1}, ..., \boldsymbol{x}_n)$ と分割してもよい．

$(z_{1(s)},...,z_{n(s)})^T$ を 2 つに分割し，$\boldsymbol{z}_{(s),1} = (z_{1(s),1},...,z_{n_{(1)}(s),1})^T$，$\boldsymbol{z}_{(s),2} = (z_{1(s),2},...,z_{n_{(2)}(s),2})^T$，$s=1,...,d$ を定義する．そのとき，

$$\boldsymbol{X}_l \boldsymbol{P}_{n_{(l)}} = (\boldsymbol{X}_l - \boldsymbol{\mu}\boldsymbol{1}_{n_{(l)}}^T)\boldsymbol{P}_{n_{(l)}}$$

と (2.10) 式から，

$$\begin{aligned}&\sqrt{(n_{(1)}-1)(n_{(2)}-1)}\boldsymbol{S}_{D(1),n}\\&= \boldsymbol{P}_{n_{(1)}}\left(\sum_{s=1}^{m}\lambda_{(s)}\boldsymbol{z}_{(s),1}\boldsymbol{z}_{(s),2}^T + \sum_{s=m+1}^{d}\lambda_{(s)}\boldsymbol{z}_{(s),1}\boldsymbol{z}_{(s),2}^T\right)\boldsymbol{P}_{n_{(2)}}\end{aligned}$$

と表せる．第 2 項は，一般化スパイクモデル (3.2) のもとでノイズとなる部分であり，$d\to\infty$（n は固定）のとき無条件で

$$\frac{\sum_{s=m+1}^{d}\lambda_{(s)}\boldsymbol{z}_{(s),1}\boldsymbol{z}_{(s),2}^T}{\kappa} \xrightarrow{P} \boldsymbol{O}$$

なる幾何学的表現をもつ．ここで，$\kappa = \sum_{s=m+1}^{d}\lambda_{(s)}$ である．これは，図 2.3 で扱った d 次元 t 分布のような散らばったノイズさえも，クロスデータ行列法を使えば自動的に除去できることを意味している．例えば，固有値モデル (3.5) に対して，(3.6) 式の証明と同様にして，$d\to\infty$ かつ $n\to\infty$ のとき次が成り立つ．

$$\frac{\boldsymbol{e}_{n_{(1)}}^T\boldsymbol{S}_{D(1),n}\boldsymbol{e}_{n_{(2)}}}{\lambda_{(1)}} = \frac{\boldsymbol{e}_{n_{(1)}}^T(\boldsymbol{P}_{n_{(1)}}\boldsymbol{z}_{(1),1}\boldsymbol{z}_{(1),2}^T\boldsymbol{P}_{n_{(2)}})\boldsymbol{e}_{n_{(2)}}}{\sqrt{(n_{(1)}-1)(n_{(2)}-1)}} + o_P(1)$$

ここで，$\boldsymbol{e}_{n_{(l)}}$ $(l=1,2)$ は長さ 1 の任意の $n_{(l)}$ 次（確率）ベクトルである．そのとき，$\acute{\lambda}_{(1)} = \max_{\boldsymbol{e}_{n_{(1)}},\boldsymbol{e}_{n_{(2)}}} \boldsymbol{e}_{n_{(1)}}^T\boldsymbol{S}_{D(1),n}\boldsymbol{e}_{n_{(2)}}$ と

$$\boldsymbol{e}_{n_{(1)}}^T(\boldsymbol{P}_{n_{(1)}}\boldsymbol{z}_{(1),1}\boldsymbol{z}_{(1),2}^T\boldsymbol{P}_{n_{(2)}})\boldsymbol{e}_{n_{(2)}} \le \|\boldsymbol{P}_{n_{(1)}}\boldsymbol{z}_{(1),1}\|\ \|\boldsymbol{P}_{n_{(2)}}\boldsymbol{z}_{(1),2}\|$$

に注意すれば，

$$\frac{\acute{\lambda}_{(1)}}{\lambda_{(1)}} = \frac{\|\boldsymbol{P}_{n_{(1)}}\boldsymbol{z}_{(1),1}\|\ \|\boldsymbol{P}_{n_{(2)}}\boldsymbol{z}_{(1),2}\|}{\sqrt{(n_{(1)}-1)(n_{(2)}-1)}} + o_P(1) = 1 + o_P(1) \tag{4.18}$$

なる一致性が，仮定 (A-i) なしに得られる．

一般化スパイクモデル (3.2) に対して，$\acute{\lambda}_{(s)}$ の一致性は次のように与えられる．

クロスデータ行列法による固有値推定の一致性(Yata and Aoshima [60])

一般化スパイクモデル (3.2) に対して，

(B-i) $\alpha_{(s)} > 1/2$ のとき，$d \to \infty$ かつ $n \to \infty$

(B-v) $\alpha_{(s)} \in (0, 1/2]$ のとき，$d \to \infty$ かつ $\dfrac{d^{2-2\alpha_{(s)}}}{n(d)} \to 0$

であれば，$\acute{\lambda}_{(s)}$ $(s = 1, ..., m)$ は次が成り立つ．

$$\frac{\acute{\lambda}_{(s)}}{\lambda_{(s)}} = 1 + o_P(1) \tag{4.19}$$

(A-i) を仮定する場合，

(B-i) $\alpha_{(s)} > 1/2$ のとき，$d \to \infty$ かつ $n \to \infty$

(B-ii) $\alpha_{(s)} \in (0, 1/2]$ のとき，$d \to \infty$ かつ $\dfrac{d^{1-2\alpha_{(s)}}}{n(d)} \to 0$

であれば，$\acute{\lambda}_{(s)}$ $(s = 1, ..., m)$ は一致性 (4.19) が成り立つ．

$\alpha_{(s)} > 1/2$ のとき，第3章で議論した標本固有値の一致性条件 (A-iii) もしくは (A-iv) と比べると，クロスデータ行列法による $\acute{\lambda}_{(s)}$ は緩い条件で一致性をもつことがわかる．なお，(B-v) は十分条件になっており，それゆえ条件 (B-i) と (B-v) は $\alpha_{(s)} = 1/2$ で連続にならない．もしも分布に適当な仮定を入れれば，連続性をもつ条件が得られる．例えば，(A-i) を仮定すれば，一致性条件は (B-i) と (B-ii) となり，$\alpha_{(s)} = 1/2$ で連続になる．本書では割愛するが，Yata and Aoshima [60, 65] は，固有ベクトルの推定量 $\acute{\boldsymbol{h}}_{(s)*}$ や主成分スコアの推定量 $\acute{s}_{j(k)}$ についても，従来型の PCA よりも緩い条件で一致性をもつことを証明している．

最後に，クロスデータ行列法をノイズ掃き出し法と比較する．各 l について $n_{(l)}\to\infty$ のとき

$$\frac{\|\boldsymbol{P}_{n_{(l)}}\boldsymbol{z}_{(1),l}\|^2}{n_{(l)}-1}=1+\sum_{j=1}^{n_{(l)}}\frac{z_{j(1),l}^2-1}{n_{(l)}}+o_P(n_{(l)}^{-1/2})$$

となることに注意すれば，$n\to\infty$ のとき次が成り立つ．

$$\frac{\|\boldsymbol{P}_{n_{(1)}}\boldsymbol{z}_{(1),1}\|\,\|\boldsymbol{P}_{n_{(2)}}\boldsymbol{z}_{(1),2}\|}{\sqrt{(n_{(1)}-1)(n_{(2)}-1)}}-1=\frac{\sum_{j=1}^{n}(z_{j(1)}^2-1)}{n}+o_P(n^{-1/2})$$

それゆえ，(4.18) 式について漸近正規性が主張できる．

$\acute{\boldsymbol{\lambda}}_{(s)}$ の漸近分布 (Yata and Aoshima [60])

一般化スパイクモデル (3.2) に対して，

・(A-i) を仮定する場合，

(B-i) $\alpha_{(s)}>1/2$ のとき，$d\to\infty$ かつ $n\to\infty$

(B-iv) $\alpha_{(s)}\in(0,1/2]$ のとき，$d\to\infty$ かつ $\dfrac{d^{2-4\alpha_{(s)}}}{n(d)}\to 0$

であれば，単根の固有値 $\lambda_{(s)}$ $(s\le m)$ に対して，次が成り立つ．

$$\sqrt{\frac{n}{M_{(s)}}}\left(\frac{\acute{\lambda}_{(s)}}{\lambda_{(s)}}-1\right)\xrightarrow{\mathcal{L}}N(0,1) \tag{4.20}$$

・(A-i) を仮定しない場合，

(B-i) $\alpha_{(s)}>1/2$ のとき，$d\to\infty$ かつ $n\to\infty$

(B-v) $\alpha_{(s)}\in(0,1/2]$ のとき，$d\to\infty$ かつ $\dfrac{d^{2-2\alpha_{(s)}}}{n(d)}\to 0$

であれば，単根の固有値 $\lambda_{(s)}$ $(s\le m)$ に対して (4.20) 式が成り立つ．

(4.10) 式と (4.20) 式を比べると，推定量の漸近正規性が同じ形で与え

られていることがわかる．つまり，$n \to \infty$ において，クロスデータ行列法による推定量 $\acute{\lambda}_{(s)}$ はノイズ掃き出し法による推定量 $\tilde{\lambda}_{(s)}$ と漸近的に同等な分散をもつ．しかし，n が小さい（n が固定の）場合は，ノイズ掃き出し法による推定量の方が小さな分散をもつことが，文献 [33] 等で報告されている．それゆえ，(A-i) もしくはそれに類する条件[6]を仮定する場合には，ノイズ掃き出し法を用いることが推奨される．一方で，こういった条件を仮定しない場合は，クロスデータ行列法を用いることが推奨される．

クロスデータ行列法は汎用性に優れ，例えば，Aoshima and Yata [10] は高次元データの潜在空間の次元推定に，また，Yata and Aoshima [60] はマイクロアレイデータのクラスター分析に，クロスデータ行列法を応用している．

4.5　高次元データのクラスター分析

本節では，PCA の一つの応用として，高次元データのクラスター分析を考える．基本的な考え方だけを説明するために，本章で与えた高次元 PCA を適用するところまでは深入りしない．高次元漸近理論を用いれば高次元混合データの潜在構造が浮き彫りになることを，簡単に説明する．

2つのクラス ($g = 2$) があるとする．それらを π_1, π_2 と名付け，それぞれが平均 $\boldsymbol{\mu}_1$，$\boldsymbol{\mu}_2$ と，共分散行列 $\boldsymbol{\Sigma}_1$，$\boldsymbol{\Sigma}_2$ をもつと仮定する．データは，確率密度関数 (p.d.f.)

$$f(\boldsymbol{x}) = \eta_1 f_1(\boldsymbol{x}; \boldsymbol{\mu}_1, \boldsymbol{\Sigma}_1) + \eta_2 f_2(\boldsymbol{x}; \boldsymbol{\mu}_2, \boldsymbol{\Sigma}_2)$$

をもつ**混合分布** (mixture distribution) からの標本と見なす．ここで，$\eta_i \in (0,1)$，$i = 1, 2$，$\eta_1 + \eta_2 = 1$ とし，$f_i(\boldsymbol{x}; \boldsymbol{\mu}_i, \boldsymbol{\Sigma}_i)$ は π_i の p.d.f. とする．母集団から n 個のデータを無作為に抽出し，データ行列 $\boldsymbol{X} = (\boldsymbol{x}_1, ..., \boldsymbol{x}_n)$ を構成する．そのとき，

---

[6] 文献 [65] の 4 節を参照のこと．

$$E(\boldsymbol{x}_j) = \eta_1\boldsymbol{\mu}_1 + \eta_2\boldsymbol{\mu}_2 \ (= \boldsymbol{\mu} \text{ とおく})$$
$$\mathrm{Var}(\boldsymbol{x}_j) = \eta_1\boldsymbol{\Sigma}_1 + \eta_2\boldsymbol{\Sigma}_2 + \eta_1\eta_2(\boldsymbol{\mu}_1 - \boldsymbol{\mu}_2)(\boldsymbol{\mu}_1 - \boldsymbol{\mu}_2)^T \ (= \boldsymbol{\Sigma} \text{ とおく})$$

である．$\Delta = \|\boldsymbol{\mu}_1 - \boldsymbol{\mu}_2\|^2$ とおく．$\boldsymbol{\Sigma}$ の第 1 固有値 $\lambda_{(1)}$ に対する固有ベクトル $\boldsymbol{h}_{(1)}$ について，一般性を失うことなく $\boldsymbol{h}_{(1)}^T(\boldsymbol{\mu}_1 - \boldsymbol{\mu}_2) \geq 0$ と仮定する．そのとき，$d \to \infty$ において $\lambda_{\max}(\boldsymbol{\Sigma}_i)/\Delta \to 0$，$i = 1, 2$ ならば，次が成り立つことに注意する．

$$\frac{\lambda_{(1)}}{\Delta} = \eta_1\eta_2 + o(1), \quad \boldsymbol{h}_{(1)}^T\frac{\boldsymbol{\mu}_1 - \boldsymbol{\mu}_2}{\sqrt{\Delta}} = 1 + o(1) \tag{4.21}$$

ここで，$\boldsymbol{x}_j \in \pi_i$ のとき，

$$E\{(\boldsymbol{\mu}_1 - \boldsymbol{\mu}_2)^T(\boldsymbol{x}_j - \boldsymbol{\mu})\} = (-1)^{i-1}(1 - \eta_i)\Delta$$
$$\mathrm{Var}\{(\boldsymbol{\mu}_1 - \boldsymbol{\mu}_2)^T(\boldsymbol{x}_j - \boldsymbol{\mu})\} = (\boldsymbol{\mu}_1 - \boldsymbol{\mu}_2)^T\boldsymbol{\Sigma}_i(\boldsymbol{\mu}_1 - \boldsymbol{\mu}_2) \leq \Delta\lambda_{\max}(\boldsymbol{\Sigma}_i)$$

となる．それゆえ，(4.21) 式より，$d \to \infty$ において $\lambda_{\max}(\boldsymbol{\Sigma}_i)/\Delta \to 0$，$i = 1, 2$ ならば，次が成り立つ．

$$z_{j(1)} = \frac{s_{j(1)}}{\sqrt{\lambda_{(1)}}} \xrightarrow{P} \begin{cases} \sqrt{\dfrac{\eta_2}{\eta_1}} & (\boldsymbol{x}_j \in \pi_1 \text{ のとき}), \\ -\sqrt{\dfrac{\eta_1}{\eta_2}} & (\boldsymbol{x}_j \in \pi_2 \text{ のとき}) \end{cases} \tag{4.22}$$

この結果から，基準化した第 1 主成分スコア $z_{j(1)}$ を精度よく推定できれば，その符号から高次元データを高い精度で分類できることが期待される．(4.13) 式から，双対標本固有ベクトルの一致性を利用して，$\sqrt{n}\hat{\boldsymbol{u}}_{(1)}$ の成分の符号によってデータをクラスタリングすることが考えられる．いま，$\boldsymbol{S}_{D,n}$ の固有ベクトル $\hat{\boldsymbol{u}}_{(k)} = (\hat{u}_{1(k)}, ..., \hat{u}_{n(k)})^T$ の成分を用いて，各 k の**基準化した主成分スコア** (standardized principal component score) を

$$\hat{z}_{j(k)} = \sqrt{n}\hat{u}_{j(k)} \quad (j = 1, ..., n)$$

で推定する．そのとき，次が成り立つ．

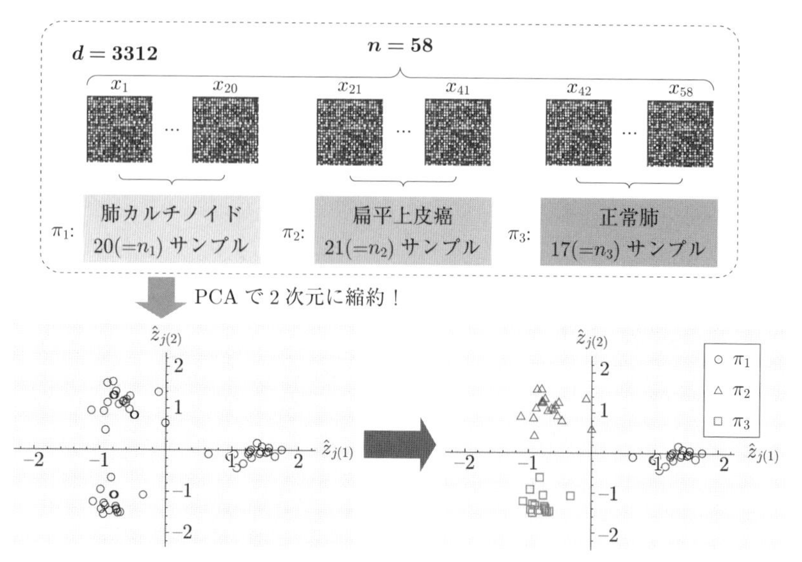

図 4.5 肺がんの遺伝子発現データ ([16]) を PCA で2次元に縮約.

高次元混合データ ($g = 2$) の幾何学的表現 (Yata and Aoshima [66])

2つのクラス π_1, π_2 から, それぞれ n_1, n_2 個のデータが発生したものとする. 適当な正則条件[7)]のもとで, $n\,(= n_1 + n_2)$ を固定して $d \to \infty$ のとき, 各 $j\,(= 1, ..., n)$ について次が成り立つ.

$$\hat{z}_{j(1)} \xrightarrow{P} \begin{cases} \sqrt{\dfrac{n_2}{n_1}} & (\boldsymbol{x}_j \in \pi_1 \text{ のとき}), \\ -\sqrt{\dfrac{n_1}{n_2}} & (\boldsymbol{x}_j \in \pi_2 \text{ のとき}) \end{cases}$$

上記は, 基準化した主成分スコアによるクラスタリングの一致性を示している. Yata and Aoshima [66] は, 一般に g (≥ 2) 個のクラスからの高次元混合データを考え, その幾何学的表現を与えている. 例えば, 肺がんの遺伝子発現データを使ってクラスタリングを行ってみる. 3つのク

7) 文献 [66] の系1を参照のこと.

ラス π_1 : 肺カルチノイド，π_2 : 扁平上皮癌，π_3 : 正常肺から，それぞれ標本数 $n_1 = 20$, $n_2 = 21$, $n_3 = 17$ のサンプルが混合した，計 58 個の 3312 次元データがあるものとする．これらを，基準化した主成分スコア $(\hat{z}_{j(1)}, \hat{z}_{j(2)})$ を用いて 2 次元平面に射影すると，図 4.5 の左下の図が得られる．もとのクラスで識別すると，図 4.5 の右下の図が得られる．巨大なノイズからデータの潜在構造が抜き出され，高次元データの本質的な特徴が可視化されていることがわかる．理論的には，$g = 3$ の場合，次の幾何学的表現が成り立つ．

高次元混合データ ($g = 3$) の幾何学的表現 (Yata and Aoshima [66])

データが，3 つのクラス π_i, $i = 1,2,3$ から n_i 個ずつ発生したものとする．適当な正則条件[8] のもとで，$n\,(= n_1 + n_2 + n_3)$ を固定して $d \to \infty$ のとき，各 $j\,(= 1, ..., n)$ について次が成り立つ．

$$\hat{z}_{j(1)} \xrightarrow{P} \begin{cases} \sqrt{\dfrac{n - n_1}{n_1}} & (\boldsymbol{x}_j \in \pi_1 \text{ のとき}), \\ -\sqrt{\dfrac{n_1}{n - n_1}} & (\boldsymbol{x}_j \notin \pi_1 \text{ のとき}) \end{cases}$$

$$\hat{z}_{j(2)} \xrightarrow{P} \begin{cases} 0 & (\boldsymbol{x}_j \in \pi_1 \text{ のとき}), \\ \sqrt{\dfrac{n_3}{n_2(1 - n^{-1}n_1)}} & (\boldsymbol{x}_j \in \pi_2 \text{ のとき}), \\ -\sqrt{\dfrac{n_2}{n_3(1 - n^{-1}n_1)}} & (\boldsymbol{x}_j \in \pi_3 \text{ のとき}) \end{cases}$$

高次元混合データのクラスター構造は，基準化した主成分スコアを使って可視化される．高次元混合データは，$g = 3$ のとき，図 4.6 のように次元数が 2 の潜在空間において，各クラスが三角形の頂点を構成する．

このように，巨大なノイズを取り除いて潜在構造を抽出すれば，高次元データの高精度なクラスタリングが可能となる．4.1 節でも述べたが，(3.10) 式のように巨大なノイズの影響で固有値は過剰に見積もられるの

[8] 文献 [66] の定理 3 を参照のこと．

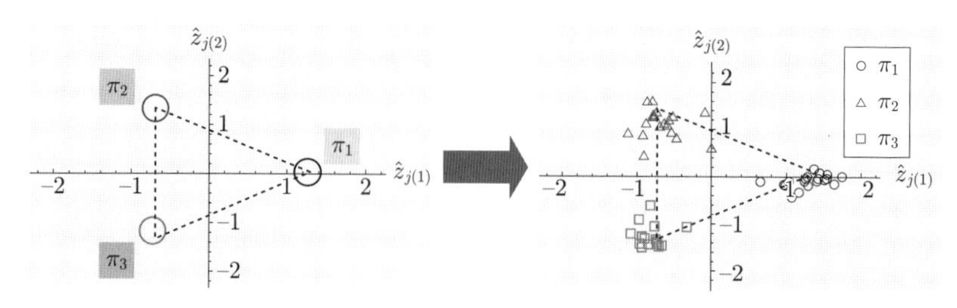

図 4.6 肺がんの遺伝子発現データ ([16]) のクラスタリング

で，従来型の PCA では誤って潜在空間にノイズを混入してしまう危険性がある．クロスデータ行列法を用いれば，巨大なノイズを自動除去して，潜在空間を特定することができる．Yata and Aoshima [60] は，クロスデータ行列法を応用し，分布の条件に依存しない柔軟なクラスター分析法を与えている．

第5章

高次元平均ベクトルの推測

本章では，高次元における，平均ベクトル $\boldsymbol{\mu}$ の統計的推測を扱います．標本平均ベクトル $\bar{\boldsymbol{x}}_n$ の高次元球面における一致性や漸近正規性を解説して，$\boldsymbol{\mu}$ に関する信頼領域や検定方式を構築します．さらに，高次元 2 標本検定についても解説します．

5.1 高次元ノイズの漸近的挙動と固有値モデル

推定量 $\bar{\boldsymbol{x}}_n = n^{-1}\sum_{j=1}^{n}\boldsymbol{x}_j$ の平均二乗誤差は，次で与えられる．

$$E(\|\bar{\boldsymbol{x}}_n - \boldsymbol{\mu}\|^2) = \frac{E(\|\boldsymbol{x}_j - \boldsymbol{\mu}\|^2)}{n} = \frac{\mathrm{tr}(\boldsymbol{\Sigma})}{n}$$

正則条件 (1.3) から $\mathrm{tr}(\boldsymbol{\Sigma}) = O(d)$ なので，高次元小標本の枠組み $(d/n \to \infty)$ で

$$E(\|\bar{\boldsymbol{x}}_n - \boldsymbol{\mu}\|^2) \to \infty$$

となり，平均二乗誤差は発散する．すなわち，次元数の増加とともに標本平均に含まれるノイズが巨大化し，高次元平均ベクトル $\boldsymbol{\mu}$ を単純に $\bar{\boldsymbol{x}}_n$ で推定することは困難になる．しかし，ノイズについて (2.6) 式のような幾何学的表現を見出すことができれば，推定を改善することができるかもしれない．実際，(2.6) 式の証明と同様にして，球形条件 (2.4) と一致性条件 (2.5) のもとで，$d \to \infty$ (n は固定) のときに次が成り立つ．

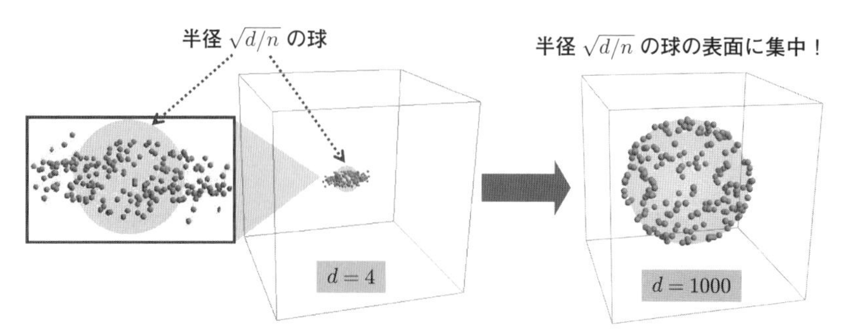

図 5.1 高次元小標本における $\bar{\boldsymbol{x}}_n$ の幾何学的表現.

$$\|\bar{\boldsymbol{x}}_n-\boldsymbol{\mu}\|=\sqrt{\mathrm{tr}(\boldsymbol{\Sigma})/n}+o_P\left(\sqrt{\mathrm{tr}(\boldsymbol{\Sigma})/n}\right) \tag{5.1}$$

すなわち，次元数の増加とともに，$\bar{\boldsymbol{x}}_n$ は中心 $\boldsymbol{\mu}$，半径 $\sqrt{\mathrm{tr}(\boldsymbol{\Sigma})/n}$ の球面に張り付いていく．図 5.1 は，共分散行列に単位行列 $\boldsymbol{I}_d$ をもつ d 次元正規分布 $N_d(\boldsymbol{\mu},\boldsymbol{I}_d)$ について，大きさ $n=3$ の無作為標本による標本平均を 200 回発生させ，$\bar{\boldsymbol{x}}_n-\boldsymbol{\mu}$ を固有空間（$\hat{\boldsymbol{h}}_{(1)},\hat{\boldsymbol{h}}_{(2)},\hat{\boldsymbol{h}}_{(3)}$ で張られる空間）上にプロットしたものである．次元数が $d=4$ のときは，半径 $\sqrt{d/n}=\sqrt{4/3}$ の球の周辺に点が散らばる．一方，次元数が $d=1000$ のときは，ノイズが巨大化し，半径 $\sqrt{d/n}=\sqrt{1000/3}$ の大きな球の表面に点が集中するといった球面集中現象が見られる．もしも，球面付近での漸近的な振る舞いを特定することができれば，高次元統計解析に精度保証を与えられるものと期待できる．

固有値に，Aoshima and Yata [10] で定式化された **Non-Strongly Spiked Eigenvalue (NSSE) モデル**を考える．NSSE モデルは，次の条件を満たす固有値モデルである．

(C-i) $\quad\dfrac{\{\lambda_{\max}(\boldsymbol{\Sigma})\}^2}{\mathrm{tr}(\boldsymbol{\Sigma}^2)}=\dfrac{\lambda_{(1)}^2}{\sum_{s=1}^d\lambda_{(s)}^2}\to 0\quad(d\to\infty)$

条件 (C-i) は球形条件 (2.4) を満たすことに注意する．条件 (C-i) を満たす一つの例は，$\alpha_{(1)}<0.5$ となる場合の一般化スパイクモデル (3.2) である．なお，$\lambda_{(1)}^4\le\mathrm{tr}(\boldsymbol{\Sigma}^4)\le\lambda_{(1)}^2\mathrm{tr}(\boldsymbol{\Sigma}^2)$ に注意すれば，(C-i) は次の条件と同値である．

$$\frac{\mathrm{tr}(\boldsymbol{\Sigma}^4)}{\{\mathrm{tr}(\boldsymbol{\Sigma}^2)\}^2} = \frac{\sum_{s=1}^{d} \lambda_{(s)}^4}{(\sum_{s=1}^{d} \lambda_{(s)}^2)^2} \to 0 \quad (d \to \infty) \tag{5.2}$$

Aoshima and Yata [10] は，NSSE モデルと排反の関係にあるものを **Strongly Spiked Eigenvalue (SSE) モデル**と名付けた．SSE モデルは，次の条件を満たす固有値モデルである．

$$\liminf_{d\to\infty} \frac{\lambda_{(1)}^2}{\mathrm{tr}(\boldsymbol{\Sigma}^2)} > 0 \tag{5.3}$$

一般化スパイクモデル (3.2) において，$\alpha_{(1)} \geq 0.5$ ならば条件 (5.3) を満たす．すなわち，SSE モデルは NSSE モデルと比べ，最初の数個の固有値が飛び抜けて大きいモデルである．例えば，図 3.1 を見ると，最初のいくつかの固有値が非常に大きく，SSE モデルの当てはまりがよいものと予想される．実際，Aoshima and Yata [10, 11] において，それらのデータセットは SSE モデルをもつことが確認されている．このように，SSE モデルが当てはまるような高次元データセットは，高次元の成分間の相関が強い場合や，異常値が混入する場合，また，複数のクラスが混合する場合などに，しばしば見られる．5.2 節で解説するが，一般に潜在空間の推定や検定における漸近正規性は NSSE モデルに対して成立する．SSE モデルに対しては，巨大なノイズが悪さをして漸近正規性による精度保証は得られない．そこで，Aoshima and Yata [10, 11] は，SSE モデルが当てはまるデータを NSSE モデルに変換するデータ変換法を開発し，SSE モデルを解析するための新たな高次元統計解析を展開した．内容が発展的になるので，本書ではデータ変換法については触れない．次節以降において，漸近正規性を論じるときには，NSSE モデル (C-i) を前提とする．

5.2 高次元球面における漸近正規性

図 5.1 で見た球面集中現象の漸近的挙動を，第 3 章と同様に

$$\boldsymbol{z}_j = (z_{j(1)}, ..., z_{j(d)})^T$$

に関する仮定

(A-i)　$z_{j(s)},\ s = 1, ..., d$ が互いに独立

のもとで精密に評価する．まず，$\|\bar{\boldsymbol{x}}_n - \boldsymbol{\mu}\|^2$ が，次のように表記できることに注意する．

$$\|\bar{\boldsymbol{x}}_n - \boldsymbol{\mu}\|^2 - \frac{\mathrm{tr}(\boldsymbol{\Sigma})}{n} = \sum_{s=1}^{d} \lambda_{(s)} \left(\bar{z}_{(s),n}^2 - \frac{1}{n} \right)$$

ここで，$\bar{z}_{(s),n} = n^{-1} \sum_{j=1}^{n} z_{j(s)}\ (s = 1, ..., d)$ である．仮定 (A-i) のもとで，分散は

$$\mathrm{Var}(\|\bar{\boldsymbol{x}}_n - \boldsymbol{\mu}\|^2) = 2\frac{\mathrm{tr}(\boldsymbol{\Sigma}^2)(n-1)}{n^3} + \sum_{s=1}^{d} \frac{\lambda_{(s)}^2 M_{(s)}}{n^3}$$

となる．ここで，$M_{(s)} = \mathrm{Var}(z_{j(s)}^2)$ である．そのとき，次の結果を得る．

高次元球面における漸近正規性 (Aoshima and Yata [3])

(A-i) を仮定する．各 $s\ (s = 1, ..., d)$ について，

$$E(z_{j(s)}^8) < M_z \quad (M_z \text{ は } d \text{ に依存しない正の定数}) \tag{5.4}$$

を仮定する．そのとき，$d \to \infty$ で n は固定，もしくは，$d \to \infty$ で $n \to \infty$ のとき，NSSE モデル (C-i) に対して次が成り立つ．

$$\frac{\|\bar{\boldsymbol{x}}_n - \boldsymbol{\mu}\|^2 - n^{-1}\mathrm{tr}(\boldsymbol{\Sigma})}{\sqrt{\mathrm{Var}(\|\bar{\boldsymbol{x}}_n - \boldsymbol{\mu}\|^2)}} \xrightarrow{\mathcal{L}} N(0,1) \tag{5.5}$$

(5.5) 式は，高次元において $\bar{\boldsymbol{x}}_n$ が中心 $\boldsymbol{\mu}$，半径 $\sqrt{\mathrm{tr}(\boldsymbol{\Sigma})/n}$ の球面の周りに正規分布で挙動することを意味している．図 5.2 は，d 次元正規分布

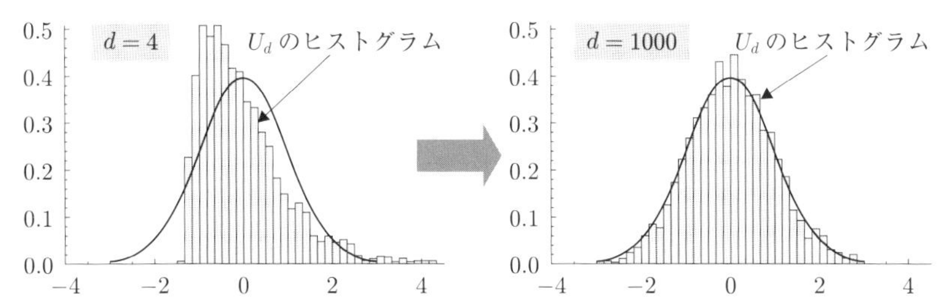

図 5.2 球面付近の $\bar{\boldsymbol{x}}_n$ の漸近的挙動．次元数 d が 4 と 1000 の場合について，$U_d = (\|\bar{\boldsymbol{x}}_n - \boldsymbol{\mu}\|^2 - n^{-1}d)/\sqrt{2d/n^2}$ を 2000 回発生させ，ヒストグラムを作成した．実線は，$N(0,1)$ の確率密度関数を表す．

$N_d(\boldsymbol{\mu}, \boldsymbol{I}_d)$ について，大きさ $n=3$ の無作為標本による標本平均をもとに

$$U_d = \frac{\|\bar{\boldsymbol{x}}_n - \boldsymbol{\mu}\|^2 - n^{-1}d}{\sqrt{2d/n^2}}$$

を計算し，これを 2000 回発生させてヒストグラムを作成したものである．この設定では，(5.5) 式の分母は $\mathrm{Var}(\|\bar{\boldsymbol{x}}_n - \boldsymbol{\mu}\|^2) = 2d/n^2$ となる．次元数 d が大きくなると，ヒストグラムの形状は $N(0,1)$ に近づくことが確認できる．すなわち，球面付近の微小な変動まで特定されて，高次元データの巨大なノイズの法則が理論的に解明される．この法則を利用することで，高次元統計解析の精度保証が可能となるのである．

(5.5) 式は，次のように証明される．各 $s\ (=1,\dots,d)$ で

$$\xi_{(s)} = \frac{\lambda_{(s)}(\bar{z}_{(s),n}^2 - n^{-1})}{\sqrt{\mathrm{Var}(\|\bar{\boldsymbol{x}}_n - \boldsymbol{\mu}\|^2)}}$$

とおく．仮定 (5.4) のもと，各 s で次が成り立つ．

$$E(\xi_{(s)}^4) = O\left(\frac{\lambda_{(s)}^4}{\{\mathrm{tr}(\boldsymbol{\Sigma}^2)\}^2}\right)$$

したがって，$d \to \infty$ で n は固定，もしくは，$d \to \infty$ で $n \to \infty$ のとき，NSSE モデル (C-i) に対して次が成り立つ．

$$\sum_{s=1}^{d} E(\xi_{(s)}^4) = O\left(\frac{\mathrm{tr}(\boldsymbol{\Sigma}^4)}{\{\mathrm{tr}(\boldsymbol{\Sigma}^2)\}^2}\right) = o(1)$$

それゆえ，**リアプノフ条件** (Lyapunov condition)[1)]が満たされ，仮定 (A-i) のもとで $\xi_{(1)}, ..., \xi_{(d)}$ が互いに独立となるので，

$$\sum_{s=1}^{d} \xi_{(s)} \xrightarrow{\mathcal{L}} N(0,1)$$

が成り立つ．そのとき，

$$\sqrt{\mathrm{Var}(\|\bar{\boldsymbol{x}}_n - \boldsymbol{\mu}\|^2)} \sum_{s=1}^{d} \xi_{(s)} = \|\bar{\boldsymbol{x}}_n - \boldsymbol{\mu}\|^2 - \frac{\mathrm{tr}(\boldsymbol{\Sigma})}{n}$$

に注意すれば，(5.5) 式を得る．

5.3 高次元平均ベクトルのユークリッド距離の推定

平均ベクトルの大きさについて，$\|\boldsymbol{\mu}\|^2$（$= \Delta$ とおく）の推定を考える．$E(\|\bar{\boldsymbol{x}}_n\|^2) = \Delta + \mathrm{tr}(\boldsymbol{\Sigma})/n$ に注意して，次の推定量を考える．

$$\widehat{\Delta} = \|\bar{\boldsymbol{x}}_n\|^2 - \frac{\mathrm{tr}(\boldsymbol{S}_n)}{n}$$

そのとき，$E(\widehat{\Delta}) = \Delta$ となる．さらに，$(n-1)\mathrm{tr}(\boldsymbol{S}_n) = \sum_{j=1}^{n} \|\boldsymbol{x}_j - \boldsymbol{\mu}\|^2 - n\|\bar{\boldsymbol{x}}_n - \boldsymbol{\mu}\|^2$ に注意すれば，

$$\widehat{\Delta} = \Delta + \sum_{j,k=1(j\neq k)}^{n} \frac{(\boldsymbol{x}_j - \boldsymbol{\mu})^T(\boldsymbol{x}_k - \boldsymbol{\mu})}{n(n-1)} + 2\boldsymbol{\mu}^T(\bar{\boldsymbol{x}}_n - \boldsymbol{\mu}) \tag{5.6}$$

と書ける．そのとき，

1) リアプノフ条件と中心極限定理の詳細については，例えば文献 [52] を参照のこと．リアプノフ条件は，同分布 (identically distributed) を仮定しない場合の独立な確率変数の和に対して，中心極限定理が成り立つための条件である．

$$\mathrm{Var}(\widehat{\Delta}) = K + \frac{4\boldsymbol{\mu}^T\boldsymbol{\Sigma}\boldsymbol{\mu}}{n} \tag{5.7}$$

となる．ここで，

$$K = \frac{2\mathrm{tr}(\boldsymbol{\Sigma}^2)}{n(n-1)}$$

である．不等式

$$\boldsymbol{\mu}^T\boldsymbol{\Sigma}\boldsymbol{\mu} \le \Delta\lambda_{\max}(\boldsymbol{\Sigma}) \le \Delta\sqrt{\mathrm{tr}(\boldsymbol{\Sigma}^2)}$$

に注意して，チェビシェフの不等式を用いれば，次が成り立つ．

$\widehat{\boldsymbol{\Delta}}$ の一致性 (Aoshima and Yata [8])

(C-ii) $d \to \infty$ で n は固定のとき，もしくは，$d \to \infty$ で $n \to \infty$ のとき，$\dfrac{K}{\Delta^2} = o(1)$

なる条件を仮定する．そのとき，次が成り立つ．

$$\frac{\widehat{\Delta}}{\Delta} = 1 + o_P(1) \tag{5.8}$$

もしも，$d \to \infty$ のとき

$$\frac{\mathrm{tr}(\boldsymbol{\Sigma}^2)}{\Delta^2} = o(1)$$

ならば，n が固定であっても (5.8) 式は成り立つ．

次に，$\widehat{\Delta}$ の漸近正規性を示す．高次元データに，文献 [8, 14, 20] 等で導入された次のモデルを考える．

$$\boldsymbol{x}_j = \boldsymbol{\Gamma}\boldsymbol{y}_j + \boldsymbol{\mu} \quad (j = 1, ..., n) \tag{5.9}$$

ここで，$\boldsymbol{\Gamma}$ は $\boldsymbol{\Gamma}\boldsymbol{\Gamma}^T = \boldsymbol{\Sigma}$ となる $d \times q$ 行列で $d \le q$，$\boldsymbol{y}_j$ は $E(\boldsymbol{y}_j) = \boldsymbol{0}$，$\mathrm{Var}(\boldsymbol{y}_j) = \boldsymbol{I}_q$ となる確率ベクトルである．モデル (5.9) は，$\boldsymbol{\Gamma} = \boldsymbol{H}\boldsymbol{\Lambda}^{1/2}$

かつ $\boldsymbol{y}_j = \boldsymbol{z}_j$ の場合も含んだ一般的な多変量モデルである．いま，$\boldsymbol{y}_j = (y_{j(1)}, ..., y_{j(q)})^T$ について，各 $s\ (= 1, ..., q)$ で $\mathrm{Var}(y_{j(s)}^2) = M_{y(s)}$ とする．母集団分布には，必要な箇所で，以下を仮定する．

(C-iii) すべての s で，$M_{y(s)} < M_y$ (M_y は d に依存しない正の定数)，すべての $s \neq t$ で $E(y_{j(s)}^2 y_{j(t)}^2) = 1$，すべての $s \neq t, s', t'$ で $E(y_{j(s)} y_{j(t)} y_{j(s')} y_{j(t')}) = 0$

(C-iii) は (A-i) を緩めた仮定になっている．いま，

$$u = \min\{d, n\}$$

とおく．そのとき，次が成り立つ．

$\hat{\Delta}$ の漸近正規性 (Aoshima and Yata [8])

(C-iii) を仮定する．条件

(C-iv) $\displaystyle \limsup_{u \to \infty} \frac{\Delta^2}{K} < \infty$

を仮定する．そのとき，NSSE モデル (C-i) に対して，$u \to \infty$ のとき，次が成り立つ．

$$\frac{\widehat{\Delta} - \Delta}{\sqrt{\mathrm{Var}(\widehat{\Delta})}} = \frac{\widehat{\Delta} - \Delta}{\sqrt{K}} + o_P(1) \xrightarrow{\mathcal{L}} N(0, 1) \tag{5.10}$$

(5.10) 式から，K に含まれる $\mathrm{tr}(\boldsymbol{\Sigma}^2)$ を推定することで，高次元平均ベクトルの検定を考えることができる．条件 (C-ii) と (C-iv) は互いに排反な関係になっており，(C-ii) を満たせば一致性が成り立ち，(C-iv) を満たせば漸近正規性が成り立つので，どちらの場合になったとしても $\widehat{\Delta}$ は好ましい性質をもつ．

(5.10) 式の証明の概略を述べる．いま，

$$\omega_k = 2\sum_{j=1}^{k-1} \frac{(\boldsymbol{x}_j - \boldsymbol{\mu})^T(\boldsymbol{x}_k - \boldsymbol{\mu})}{n(n-1)\sqrt{K}} \quad (k = 2, ..., n)$$

とおく．そのとき，$E(\omega_k) = 0\ (k = 2, ..., n)$ となり，次が成り立つ．

$$\sum_{k=2}^{n} \omega_k = \sum_{j,k=1 (j \neq k)}^{n} \frac{(\boldsymbol{x}_j - \boldsymbol{\mu})^T(\boldsymbol{x}_k - \boldsymbol{\mu})}{n(n-1)\sqrt{K}} \tag{5.11}$$
$$\mathrm{Var}\left(\sum_{k=2}^{n} \omega_k\right) = 1$$

さらに，各 $k\ (\geq 3)$ で $\omega_2, ..., \omega_{k-1}$ を与えたときの条件付き期待値が $E(\omega_k | \omega_2, ..., \omega_{k-1}) = 0$ となり，$\omega_2, \omega_3, ...$ はマルチンゲール差分列になっている．**マルチンゲール中心極限定理** (martingale central limit theorem)[2)]を用いれば，文献 [45] により，$u \to \infty$ のとき次の 2 つの条件を満たすならば，$\sum_{k=2}^{n} \omega_k$ は漸近正規性が成り立つ[3)]．

(i) $\sum_{k=2}^{n} \omega_k^2 = 1 + o_P(1)$

(ii) 任意の $\tau > 0$ に対して，$\sum_{k=2}^{n} E\{\omega_k^2 I(\omega_k^2 > \tau)\} = o(1)$

ここで，$I(\cdot)$ は指示関数である．(ii) は**リンデベルグ条件** (Lindeberg condition) として知られる．

これら 2 つの条件が満たされることは，次のように示すことができる．仮定 (C-iii) のもとで，次が成り立つ．

---

2) マルチンゲール中心極限定理は，独立同分布 (independent and identically distributed) を仮定しない場合の，確率変数の和に対する中心極限定理のひとつである．マルチンゲール差分やマルチンゲール中心極限定理の詳細は，洋書 [28] や和書 [49] 等を参照のこと．高次元統計量の漸近分布の導出に鍵となるのが，マルチンゲール中心極限定理である．

3) 条件 (i)，(ii) の替わりに，σ-集合代数における条件付き期待値を用いた証明もある．詳細は文献 [20] 等を参照のこと．

$$
\begin{aligned}
&E[\{(\boldsymbol{x}_j-\boldsymbol{\mu})^T(\boldsymbol{x}_k-\boldsymbol{\mu})\}^2\{(\boldsymbol{x}_{j'}-\boldsymbol{\mu})^T(\boldsymbol{x}_k-\boldsymbol{\mu})\}^2] \\
&=\{\mathrm{tr}(\boldsymbol{\Sigma}^2)\}^2+O\{\mathrm{tr}(\boldsymbol{\Sigma}^4)\} \quad (j\neq j'\neq k) \\
&E[\{(\boldsymbol{x}_j-\boldsymbol{\mu})^T(\boldsymbol{x}_k-\boldsymbol{\mu})\}^4]=O[\{\mathrm{tr}(\boldsymbol{\Sigma}^2)\}^2]+O\{\mathrm{tr}(\boldsymbol{\Sigma}^4)\} \quad (j\neq k)
\end{aligned}
$$

また，次が成り立つ.

$$
\begin{aligned}
&E[\{(\boldsymbol{x}_j-\boldsymbol{\mu})^T(\boldsymbol{x}_k-\boldsymbol{\mu})\}^2\{(\boldsymbol{x}_{j'}-\boldsymbol{\mu})^T(\boldsymbol{x}_{k'}-\boldsymbol{\mu})\}^2]=\{\mathrm{tr}(\boldsymbol{\Sigma}^2)\}^2 \\
&(j\neq j'\neq k\neq k')
\end{aligned}
$$

これらの結果と $\mathrm{tr}(\boldsymbol{\Sigma}^4)\leq\{\mathrm{tr}(\boldsymbol{\Sigma}^2)\}^2$ に注意すれば，$u\to\infty$ のとき次が成り立つ.

$$
\sum_{k=2}^{n}E[\{\omega_k^2-E(\omega_k^2)\}^2]\leq\sum_{k=2}^{n}E(\omega_k^4)=O(n^{-1})=o(1) \tag{5.12}
$$

$$
\sum_{k,k'=2(k\neq k')}^{n}E[\{\omega_k^2-E(\omega_k^2)\}\{\omega_{k'}^2-E(\omega_{k'}^2)\}]=O\left(\frac{\mathrm{tr}(\boldsymbol{\Sigma}^4)}{\{\mathrm{tr}(\boldsymbol{\Sigma}^2)\}^2}\right)
$$

NSSE モデル (C-i) と仮定 (C-iii) のもとでチェビシェフの不等式を用いると，$u\to\infty$ のとき任意の $\tau>0$ に対して次が成り立つ.

$$
\Pr\left(\left|\sum_{k=2}^{n}\omega_k^2-1\right|\geq\tau\right)\leq\sum_{k,k'=2}^{n}\frac{E[\{\omega_k^2-E(\omega_k^2)\}\{\omega_{k'}^2-E(\omega_{k'}^2)\}]}{\tau^2}=o(1)
$$

すなわち，条件 (i) が満たされる.

次に，仮定 (C-iii) のもとでシュワルツの不等式とチェビシェフの不等式を用いると，(5.12) 式から，$u\to\infty$ のとき任意の $\tau>0$ に対して次が成り立つ.

$$
\begin{aligned}
\sum_{k=2}^{n}E\{\omega_k^2I(\omega_k^2>\tau)\}&\leq\sum_{k=2}^{n}\sqrt{E(\omega_k^4)E\{I(\omega_k^2>\tau)\}} \\
&\leq\tau^{-1}\sum_{k=2}^{n}E(\omega_k^4)=o(1)
\end{aligned}
$$

すなわち，条件 (ii) が満たされる.

以上から，マルチンゲール中心極限定理を用いて，NSSE モデル (C-i) と仮定 (C-iii) のもと，$u \to \infty$ のとき次が成り立つ．

$$\sum_{k=2}^{n} \omega_k = \sum_{j,k=1(j\neq k)}^{n} \frac{(\boldsymbol{x}_j - \boldsymbol{\mu})^T(\boldsymbol{x}_k - \boldsymbol{\mu})}{n(n-1)\sqrt{K}} \xrightarrow{\mathcal{L}} N(0,1) \tag{5.13}$$

一方で，NSSE モデル (C-i) と条件 (C-iv) のもと，$u \to \infty$ のとき

$$\frac{\boldsymbol{\mu}^T\boldsymbol{\Sigma}\boldsymbol{\mu}}{n} \leq \frac{\Delta\lambda_{\max}(\boldsymbol{\Sigma})}{n} = o\left(\Delta\sqrt{\frac{\mathrm{tr}(\boldsymbol{\Sigma}^2)}{n^2}}\right) = o(K)$$

なので，(5.6) 式と (5.7) 式にチェビシェフの不等式を用いれば，$u \to \infty$ のとき，次が成り立つ．

$$\begin{aligned} \widehat{\Delta} - \Delta &= \sum_{j,k=1(j\neq k)}^{n} \frac{(\boldsymbol{x}_j - \boldsymbol{\mu})^T(\boldsymbol{x}_k - \boldsymbol{\mu})}{n(n-1)} + o_P\big(\sqrt{K}\big) \\ \mathrm{Var}(\widehat{\Delta}) &= K\{1 + o(1)\} \end{aligned} \tag{5.14}$$

(5.13) 式と (5.14) 式およびスラツキーの定理より，NSSE モデル (C-i) に対して，仮定 (C-iii) と条件 (C-iv) のもとで，$u \to \infty$ のとき次が成り立つ．

$$\frac{\widehat{\Delta} - \Delta}{\sqrt{\mathrm{Var}(\widehat{\Delta})}} = \frac{\widehat{\Delta} - \Delta}{\sqrt{K}} + o_P(1) = \sum_{k=2}^{n} \omega_k + o_P(1) \xrightarrow{\mathcal{L}} N(0,1)$$

すなわち，(5.10) 式が成り立つ．

5.4　$\mathbf{tr}(\boldsymbol{\Sigma}^2)$ の推定量

前節でも登場した $\mathrm{tr}(\boldsymbol{\Sigma}^2)$ は，高次元データの推測に精度を保証するための鍵となるパラメータである．それゆえ，このパラメータの推定は重要である．

単純な推定量 $\mathrm{tr}(\boldsymbol{S}_n^2)$ は，高次元データに対して非常に大きなバイアスをもつ．実際，仮定 (C-iii) のもと，$u = \min\{d, n\} \to \infty$ のとき

$$E\{\mathrm{tr}(\boldsymbol{S}_n^2)\} = \mathrm{tr}(\boldsymbol{\Sigma}^2)\{1+o(1)\} + \frac{\{\mathrm{tr}(\boldsymbol{\Sigma})\}^2}{n}\{1+o(1)\}$$

となる．例えば，$\mathrm{tr}(\boldsymbol{\Sigma}^2)/\{\mathrm{tr}(\boldsymbol{\Sigma})\}^2 = O(d^{-1})$ かつ高次元小標本 $(d/n \to \infty)$ のとき

$$\frac{E\{\mathrm{tr}(\boldsymbol{S}_n^2)\}}{\mathrm{tr}(\boldsymbol{\Sigma}^2)} \to \infty$$

となり，$\mathrm{tr}(\boldsymbol{S}_n^2)$ は役に立たない．

Bai and Saranadasa [14] と Srivastava [53] は，次の推定量を与えた．

$$W_{\mathrm{BS}} = \frac{(n-1)^2}{(n-2)(n+1)}\left(\mathrm{tr}(\boldsymbol{S}_n^2) - \frac{\{\mathrm{tr}(\boldsymbol{S}_n)\}^2}{n-1}\right)$$

母集団分布に正規分布を仮定できれば，W_{BS} は不偏性 $E(W_{\mathrm{BS}}) = \mathrm{tr}(\boldsymbol{\Sigma}^2)$ をもち，$u \to \infty$ のとき

$$\mathrm{Var}\left(\frac{W_{\mathrm{BS}}}{\mathrm{tr}(\boldsymbol{\Sigma}^2)}\right) = \left(\frac{8\mathrm{tr}(\boldsymbol{\Sigma}^4)}{\mathrm{tr}(\boldsymbol{\Sigma}^2)^2 n} + \frac{4}{n^2}\right)\{1+o(1)\} \to 0 \tag{5.15}$$

となるので一致性をもつ．しかし，母集団分布に正規分布を仮定できないと，W_{BS} は不偏性をもたず，高次元になるほど非常に大きなバイアスが生じる．さらに，モデル (5.9) の $\boldsymbol{y}_j$ の成分に 8 次モーメントの一様有界性が仮定できなければ，(C-iii) のもとで $\mathrm{Var}\{W_{\mathrm{BS}}/\mathrm{tr}(\boldsymbol{\Sigma}^2)\} < \infty$ さえ保証しない．

Aoshima and Yata [3] は，4.4 節で紹介したクロスデータ行列法を用いて $\mathrm{tr}(\boldsymbol{\Sigma}^2)$ の推定を考えた．$W_{\mathrm{CDM}}=\mathrm{tr}(\boldsymbol{S}_{D(1),n}\boldsymbol{S}_{D(2),n})$ とおけば，$E(W_{\mathrm{CDM}}) = \mathrm{tr}(\boldsymbol{\Sigma}^2)$ となり，W_{CDM} は $\mathrm{tr}(\boldsymbol{\Sigma}^2)$ の不偏推定量になる．仮定 (C-iii) のもと，$u \to \infty$ のとき

$$\mathrm{Var}\left(\frac{W_{\mathrm{CDM}}}{\mathrm{tr}(\boldsymbol{\Sigma}^2)}\right) = \left\{\frac{4}{\mathrm{tr}(\boldsymbol{\Sigma}^2)^2 n}\left(2\mathrm{tr}(\boldsymbol{\Sigma}^4) + \sum_{s=1}^{q}(M_{y(s)}-2)(\boldsymbol{\gamma}_s^T\boldsymbol{\Sigma}\boldsymbol{\gamma}_s)^2\right) + \frac{8}{n^2}\right\}\{1+o(1)\} \to 0 \tag{5.16}$$

となり，$d/n \to \infty$ なる高次元小標本の枠組みにおいても W_{CDM} は一致性をもつ．なお，$(\boldsymbol{\gamma}_1, ..., \boldsymbol{\gamma}_q) = \boldsymbol{\Gamma}$ はモデル (5.9) で定義されるものである．

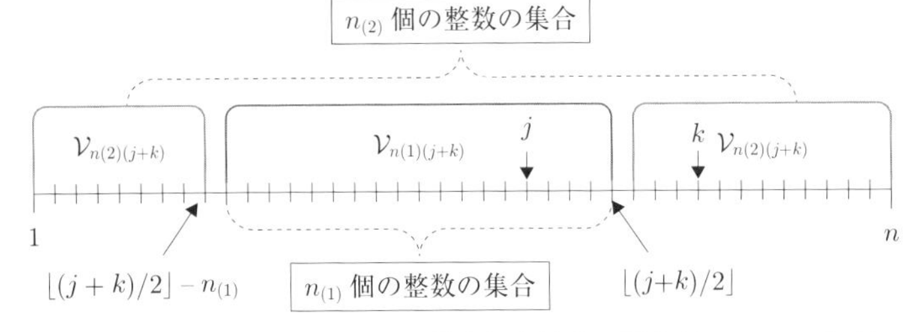

図 5.3　$\lfloor (j+k)/2 \rfloor \geq n_{(1)}$ $(j<k)$ の場合における，集合 $\mathcal{V}_{n(1)(j+k)}$ と $\mathcal{V}_{n(2)(j+k)}$ のイメージ図.

Yata and Aoshima [64] は，**拡張クロスデータ行列法** (extended cross-data-matrix methodology) という方法論を開発した．2 つの集合 $\mathcal{V}_{n(1)(k)}$, $\mathcal{V}_{n(2)(k)}$ $(k=3,...,2n-1)$ を次のように定義する．

$$\mathcal{V}_{n(1)(k)} = \begin{cases} \{\lfloor \frac{k}{2} \rfloor - n_{(1)} + 1, ..., \lfloor \frac{k}{2} \rfloor\}, & \lfloor \frac{k}{2} \rfloor \geq n_{(1)} \text{のとき}, \\ \{1, ..., \lfloor \frac{k}{2} \rfloor\} \cup \{\lfloor \frac{k}{2} \rfloor + n_{(2)} + 1, ..., n\}, & \text{それ以外} \end{cases}$$

$$\mathcal{V}_{n(2)(k)} = \begin{cases} \{\lfloor \frac{k}{2} \rfloor + 1, ..., \lfloor \frac{k}{2} \rfloor + n_{(2)}\}, & \lfloor \frac{k}{2} \rfloor \leq n_{(1)} \text{のとき}, \\ \{1, ..., \lfloor \frac{k}{2} \rfloor - n_{(1)}\} \cup \{\lfloor \frac{k}{2} \rfloor + 1, ..., n\}, & \text{それ以外} \end{cases}$$

ここで，$n_{(1)} = \lceil n/2 \rceil$, $n_{(2)} = n - n_{(1)}$, $\lfloor x \rfloor$ は x 以下の最大の整数，$\lceil x \rceil$ は x 以上の最小の整数を表す．そのとき，$k = 3, ..., 2n-1$ について，$\#\mathcal{V}_{n(l)(k)} = n_{(l)}$，$l=1,2$，$\mathcal{V}_{n(1)(k)} \cap \mathcal{V}_{n(2)(k)} = \emptyset$，$\mathcal{V}_{n(1)(k)} \cup \mathcal{V}_{n(2)(k)} = \{1, ..., n\}$ となること，および，$j < k$ $(\leq n)$ について

$$j \in \mathcal{V}_{n(1)(j+k)}, \quad k \in \mathcal{V}_{n(2)(j+k)}$$

となることに注意する（図 5.3 参照）．ここで，$\#\mathcal{S}$ は集合 $\mathcal{S}$ の要素の個数を表す．$\mathcal{V}_{n(1)(j+k)}$ と $\mathcal{V}_{n(2)(j+k)}$ に対応してデータ集合を 2 分割し，それらに基づいて不偏推定量を 1 つ計算する．これを，$j<k$ $(\leq n)$ のすべての組み合わせで繰り返し，得られる不偏推定量の平均をとる．これが拡張クロスデータ行列法である．

拡張クロスデータ行列法を使えば，$\mathrm{tr}(\boldsymbol{\Sigma}^2)$ の不偏推定量は次のように構築できる．各 k $(=3,...,2n-1)$ で 2 分割した集合について，標本平均

を

$$\bar{\boldsymbol{x}}_{n(1)(k)} = \frac{1}{n_{(1)}} \sum_{j \in \mathcal{V}_{n(1)(k)}} \boldsymbol{x}_j, \quad \bar{\boldsymbol{x}}_{n(2)(k)} = \frac{1}{n_{(2)}} \sum_{j \in \mathcal{V}_{n(2)(k)}} \boldsymbol{x}_j$$

とし，ある j, k $(j < k)$ について $\mathrm{tr}(\boldsymbol{\Sigma}^2)$ の不偏推定量

$$c_n \{ (\boldsymbol{x}_j - \bar{\boldsymbol{x}}_{n(1)(j+k)})^T (\boldsymbol{x}_k - \bar{\boldsymbol{x}}_{n(2)(j+k)}) \}^2$$

を計算する．ここで，$c_n = (n_{(1)} - 1)^{-1}(n_{(2)} - 1)^{-1} n_{(1)} n_{(2)}$ である．すべての組み合わせの平均をとり

$$W_n = \frac{2c_n}{n(n-1)} \sum_{j,k=1 (j<k)}^{n} \{ (\boldsymbol{x}_j - \bar{\boldsymbol{x}}_{n(1)(j+k)})^T (\boldsymbol{x}_k - \bar{\boldsymbol{x}}_{n(2)(j+k)}) \}^2 \tag{5.17}$$

を定義する．

$\boldsymbol{W_n}$ の不偏性と一致性 (Yata and Aoshima [67])

W_n は，母集団分布によらずに，不偏性 $E(W_n) = \mathrm{tr}(\boldsymbol{\Sigma}^2)$ をもつ．

(C-iii) を仮定すると，$u = \min\{d, n\} \to \infty$ のとき，次が成り立つ．

$$\mathrm{Var}\left(\frac{W_n}{\mathrm{tr}(\boldsymbol{\Sigma}^2)} \right) = \left\{ \frac{4}{\mathrm{tr}(\boldsymbol{\Sigma}^2)^2 n} \left(2\mathrm{tr}(\boldsymbol{\Sigma}^4) + \sum_{s=1}^{q} (M_{y(s)} - 2)(\boldsymbol{\gamma}_s^T \boldsymbol{\Sigma} \boldsymbol{\gamma}_s)^2 \right) + \frac{4}{n^2} \right\} \{1 + o(1)\} \to 0 \tag{5.18}$$

母集団に正規分布を仮定すると，$u \to \infty$ のとき，次が成り立つ．

$$\mathrm{Var}\left(\frac{W_n}{\mathrm{tr}(\boldsymbol{\Sigma}^2)} \right) = \left(\frac{8\mathrm{tr}(\boldsymbol{\Sigma}^4)}{\mathrm{tr}(\boldsymbol{\Sigma}^2)^2 n} + \frac{4}{n^2} \right) \{1 + o(1)\} \to 0 \tag{5.19}$$

次の手順は，W_n の計算コストが $O(dn^2)$ となり，効率がよい．

(手順 1)　(5.17) 式の $\bar{\boldsymbol{x}}_{n(l)(k)}$, $l=1,2$ を各 $k\,(=3,...,2n-1)$ で計算する．

(手順 2)　すべての j,k $(1 \le j < k \le n)$ について手順 1 の $\bar{\boldsymbol{x}}_{n(l)(j+k)}$ を代入して $c_n\{(\boldsymbol{x}_j - \bar{\boldsymbol{x}}_{n(1)(j+k)})^T(\boldsymbol{x}_k - \bar{\boldsymbol{x}}_{n(2)(j+k)})\}^2$ を計算し，それらの平均をとって W_n を得る．

例えば，R であれば，上記の計算手順は次のように組めばよい[4]．

【W_n の R コード】

Input　W(X); $n \ge 4$ とし，X は $X=(\boldsymbol{x}_1,...,\boldsymbol{x}_n)$ なる $d \times n$ 行列である

Output　trSigmaSquare $(=W_n)$

```
W<-function(X)
  { n<-dim(X)[2]
  n1<-ceiling(n/2)
  n2<-n-n1
  u<-2*n1*n2/((n1-1)*(n2-1)*n*(n-1))
  Y<-rbind(X,matrix(0,1,n))
  V1<-function(k,x) { if (floor(k/2)>=n1)
      { x[,(floor(k/2)-n1+1):floor(k/2)] }
    else { cbind(x[,1:floor(k/2)],x[,(floor(k/2)+n2+1):n]) } }
  V2<-function(k,x) { if (floor(k/2)<=n1)
      { x[,(floor(k/2)+1):(floor(k/2)+n2)] }
    else {cbind(x[,1:(floor(k/2)-n1)],x[,(floor(k/2)+1):n]) } }
  H1<-function(k){apply(V1(k,Y),1, mean) }
  H2<-function(k){apply(V2(k,Y),1, mean) }
  S<-c(3:(2*n-1))
  M1<-sapply(S,H1)
  M2<-sapply(S,H2)
  q<-function(i,j){((Y[,i]-M1[,i+j-2])%*%(Y[,j]-M2[,i+j-2]))^2 }
  Q<-u*sum(mapply(q,sequence(c(1:(n-1))),rep(2:n,1:(n-1))))
  return(list(trSigmaSquare=Q)) }
```

---

[4] 拡張クロスデータ行列法の R コードは，http://www.math.tsukuba.ac.jp/~aoshima-lab/jp/papers.html から入手できる．

(5.18) 式を (5.16) 式と比較してわかるように，拡張クロスデータ行列法はクロスデータ行列法よりも漸近分散が小さな不偏推定量を構築できる．さらに，(5.19) 式と (5.15) 式を見ると，母集団に正規分布を仮定した場合には，正規分布に特化した W_{BS} と同等の漸近分散をもつ．

なお，Chen et al. [21] は，U-統計量に基づいた $\mathrm{tr}(\boldsymbol{\Sigma}^2)$ の不偏推定量

$$W_{\mathrm{CZZ}} = \sum_{j,k=1(j\neq k)}^{n} \frac{(\boldsymbol{x}_j^T\boldsymbol{x}_k)^2}{n(n-1)} - 2\sum_{j,k,j'=1(j\neq k\neq j')}^{n} \frac{\boldsymbol{x}_j^T\boldsymbol{x}_k\boldsymbol{x}_k^T\boldsymbol{x}_{j'}}{n(n-1)(n-2)} + \sum_{j,k,j',k'=1(j\neq k\neq j'\neq k')}^{n} \frac{\boldsymbol{x}_j^T\boldsymbol{x}_k\boldsymbol{x}_{j'}^T\boldsymbol{x}_{k'}}{n(n-1)(n-2)(n-3)}$$

を与えた．これは，W_n と同等な漸近分散をもつものの，計算コストが $O(dn^4)$ と非常に大きく実用には向かない[5)]．拡張クロスデータ行列法は，計算コストが $O(dn^2)$ であり，さらに，汎用性が高い．例えば，Yata and Aoshima [67] では，拡張クロスデータ行列法を用いて高次元相関行列の検定を与えている．

5.5 高次元平均ベクトルの信頼領域

多変量解析 $(n > d)$ では，ある有界な半径 $\delta > 0$ をもつ $\boldsymbol{\mu}$ の領域

$$\mathcal{R}_\delta = \{\boldsymbol{\mu} \in \mathcal{R}^d : \|\bar{\boldsymbol{x}}_n - \boldsymbol{\mu}\| \le \delta\}$$

を用いて，与えられた信頼係数 $1-\alpha \in (1/2, 1)$ に対して

$$\Pr(\boldsymbol{\mu} \in \mathcal{R}_\delta) \ge 1 - \alpha \qquad (5.20)$$

となる $\boldsymbol{\mu}$ の信頼領域を考えることができる．しかし，(5.1) 式や図 5.1 で見たように，高次元小標本の枠組みでは有界な半径 δ でノイズを抑えることができず，(5.20) 式を満たす信頼領域は構築できない．

Aoshima and Yata [3, 4] は，図 5.2 で見たような高次元球面における

---

5) 文献 [32, 55] は，W_{CZZ} の計算コストを抑えるための算法を提案している．

漸近正規性に着目して，一定のバンド幅をもつ信頼領域を考えた．まず，高次元球面における漸近正規性 (5.5) を，信頼領域の構築に応用できる形に一般化する．(5.6) 式と (5.11) 式から，

$$\|\bar{\boldsymbol{x}}_n - \boldsymbol{\mu}\|^2 - \frac{\mathrm{tr}(\boldsymbol{S}_n)}{n} = \sqrt{K}\sum_{k=2}^{n}\omega_k$$

となることに注意すれば，(5.13) 式と (5.18) 式を用いて次が成り立つ．

（一般化した）高次元球面における漸近正規性 (Aoshima and Yata [8])

(C-iii) を仮定する．NSSE モデル (C-i) に対して，$u = \min\{d, n\} \to \infty$ のとき，次が成り立つ．

$$\frac{\|\bar{\boldsymbol{x}}_n - \boldsymbol{\mu}\|^2 - n^{-1}\mathrm{tr}(\boldsymbol{S}_n)}{\sqrt{\widehat{K}}} \xrightarrow{\mathcal{L}} N(0,1) \tag{5.21}$$

ここで，

$$\widehat{K} = \frac{2W_n}{n(n-1)}$$

である[6)]．

(5.21) 式より

$$\delta_1 = \sqrt{\max\left\{0,\ n^{-1}\mathrm{tr}(\boldsymbol{S}_n) - z_{\alpha/2}\sqrt{\widehat{K}}\right\}},$$
$$\delta_2 = \sqrt{n^{-1}\mathrm{tr}(\boldsymbol{S}_n) + z_{\alpha/2}\sqrt{\widehat{K}}}$$

とおいて，

$$\mathcal{R}_{\boldsymbol{\mu}} = \{\boldsymbol{\mu} \in \mathcal{R}^d : \delta_1^2 \le \|\bar{\boldsymbol{x}}_n - \boldsymbol{\mu}\|^2 \le \delta_2^2\}$$

なる形の $\boldsymbol{\mu}$ の信頼領域を考える．ここで，z_α は $N(0,1)$ の上側 $100\alpha\%$ 点

6) W_n の代わりに，W_{CZZ} や W_{CDM} を用いてもよい．

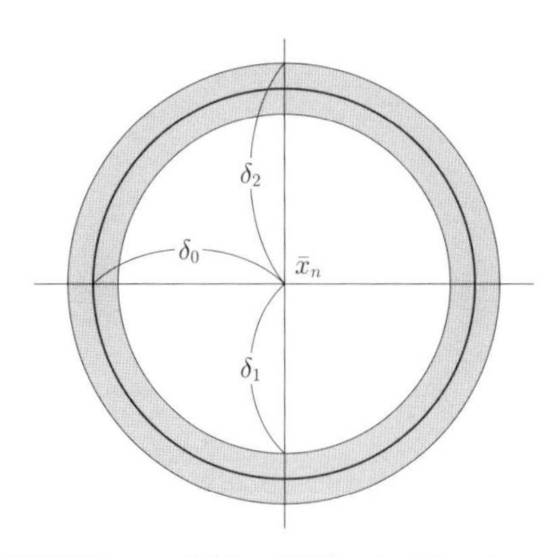

図 5.4 $\boldsymbol{\mu}$ の信頼領域 $\mathcal{R}_{\boldsymbol{\mu}}$（灰色の領域）．ただし，$\delta_0 = \sqrt{n^{-1}\mathrm{tr}(\boldsymbol{S}_n)}$.

を表す．そのとき，仮定 (C-iii) のもとで，NSSE モデル (C-i) に対して，$u \to \infty$ のとき，次が成り立つ．

$$\Pr(\boldsymbol{\mu} \in \mathcal{R}_{\boldsymbol{\mu}}) = 1 - \alpha + o(1)$$

これは，高次元小標本データの幾何学的表現に基づき導かれた信頼領域である．データの球面集中現象に着目して，$\boldsymbol{\mu}$ の存在領域を特定している．$n^{-1}\mathrm{tr}(\boldsymbol{S}_n) - z_{\alpha/2}\sqrt{\widehat{K}} > 0$ のとき，$\mathcal{R}_{\boldsymbol{\mu}}$ は中心が $\bar{\boldsymbol{x}}_n$ で半径がそれぞれ δ_1 と δ_2 の 2 つの d 次元球に挟まれた領域になる．図 5.4 の灰色の領域が $\mathcal{R}_{\boldsymbol{\mu}}$ である．

例えば，$\delta_1^2 \le \|\bar{\boldsymbol{x}}_n\|^2 \le \delta_2^2$ ならば，$\mathbf{0}$ は $\boldsymbol{\mu}$ の 1 つの候補となる．逆に，$\mathbf{0} \notin \mathcal{R}_{\boldsymbol{\mu}}$ ならば，$\mathbf{0}$ は $\boldsymbol{\mu}$ の候補ではないと考えられる．Yata and Aoshima [63] は，高次元データの変数選択にこの信頼領域を応用している．Aoshima and Yata [8] は，多母集団への拡張を考えている．さらに，Aoshima and Yata [3, 4] は，バンド幅が事前に指定された値になるような信頼領域を 2 段階推定法によって構築している．

5.6 高次元平均ベクトルの検定

まず，母集団が 1 つの場合について，高次元 1 標本検定の基本的考え方を述べる．次に，母集団が 2 つの場合について，母集団間の平均ベクトルの差異を検定するための高次元2標本検定を解説する．

5.6.1 高次元1標本検定

ある既知のベクトル $\boldsymbol{\mu}_0$ について，次の検定を考える．

$$H_0 : \boldsymbol{\mu} = \boldsymbol{\mu}_0 \quad \text{vs.} \quad H_1 : \boldsymbol{\mu} \neq \boldsymbol{\mu}_0$$

これは，各データを $\boldsymbol{x}_j - \boldsymbol{\mu}_0$ と平行移動すれば，次の検定と同値である．

$$H_0 : \boldsymbol{\mu} = \boldsymbol{0} \quad \text{vs.} \quad H_1 : \boldsymbol{\mu} \neq \boldsymbol{0} \tag{5.22}$$

多変量解析 $(n > d)$ では，母集団分布に正規分布を仮定して，ホテリングの T^2-統計量

$$T^2 = n\bar{\boldsymbol{x}}_n^T \boldsymbol{S}_n^{-1} \bar{\boldsymbol{x}}_n$$

が考えられる．しかし，高次元小標本の枠組み $(d > n)$ では，$\mathrm{rank}(\boldsymbol{S}_n) < d$ となるので $\boldsymbol{S}_n^{-1}$ が存在せず，また，高次元データに正規分布を仮定することは現実的でない．それゆえ，高次元ならではの新たな検定統計量が必要になる．(5.10) 式と (5.18) 式から，次が成り立つ．

(一般化した) $\widehat{\Delta}$ の漸近正規性

(C-iii) と (C-iv) を仮定する．NSSE モデル (C-i) に対して，$u = \min\{d, n\} \to \infty$ のとき，次が成り立つ．

$$\frac{\widehat{\Delta} - \Delta}{\sqrt{\widehat{K}}} \xrightarrow{\mathcal{L}} N(0,1) \tag{5.23}$$

ここで，

$$\Delta = \|\boldsymbol{\mu}\|^2, \quad \widehat{\Delta} = \|\bar{\boldsymbol{x}}_n\|^2 - \frac{\mathrm{tr}(\boldsymbol{S}_n)}{n}, \quad \widehat{K} = \frac{2W_n}{n(n-1)}$$

である[7]．

[7] W_n の代わりに，W_{CZZ} や W_{CDM} を用いてもよい．

(5.23) 式から，仮説 (5.22) を次のように検定する．

$$H_0 \text{ を棄却} \iff \frac{\widehat{\Delta}}{\sqrt{\widehat{K}}} > z_\alpha \tag{5.24}$$

検定方式 (5.24) の検出力 (Power) は Δ に依存するので，Power(Δ) と表記する．検定方式 (5.24) の第1種の過誤の確率 (Size) と検出力について，(5.23) 式から次が成り立つ．

検定方式 (5.24) の第1種の過誤と検出力 (Aoshima and Yata [8])

(C-iii) を仮定する．H_1 のもとで (C-iv) を仮定する．NSSE モデル (C-i) に対して，$u = \min\{d, n\} \to \infty$ のとき，次が成り立つ．

$$\text{Size} = \alpha + o(1), \quad \text{Power}(\Delta) = \Phi\left(\frac{\Delta}{\sqrt{K}} - z_\alpha\right) + o(1) \tag{5.25}$$

ここで，$\Phi(\cdot)$ は $N(0,1)$ の分布関数である．

上記の通り，H_1 のもとで (C-iv) を満たすならば，漸近検出力が求まる．一般に，H_1 のもとで (C-iv) を満たさないこともあり，その場合，(C-ii) が満たされることになる．(5.8) 式と (5.18) 式から，条件 (C-ii) と仮定 (C-iii) のもとで，$u \to \infty$ のとき次が成り立つ．

$$\frac{\sqrt{\widehat{K}}}{\widehat{\Delta}} = \frac{\sqrt{K}}{\Delta}\{1 + o_P(1)\} = o_P(1)$$

それゆえ，Power(Δ) について，次のように一致性が主張できる．

検定方式 (5.24) の一致性 (Aoshima and Yata [8])

(C-iii) を仮定する．条件 (C-ii) を満たせば，$u = \min\{d, n\} \to \infty$ のとき，次が成り立つ．

$$\text{Power}(\Delta) = 1 + o(1) \tag{5.26}$$

以上から，H_1 $(\Delta > 0)$ のもとで，もしも条件 (C-iv) を満たす程度の Δ であれば，漸近正規性 (5.23) が成り立つので漸近検出力 (5.25) が求まる．一方で，もしも (C-iv) を満たさなければ，すなわち，条件 (C-ii) を満たすほど Δ が大きければ，漸近正規性 (5.23) は成り立たないが漸近検出力は 1 になる．このように，検定方式 (5.24) は，一致性もしくは漸近正規性が必ず成立するという，非常に優れた性質をもつ．

5.6.2 高次元 2 標本検定

2 つの母集団について，各母集団 (π_i) に平均ベクトル $\boldsymbol{\mu}_i$ と正定値対称な共分散行列 $\boldsymbol{\Sigma}_i$ の存在を仮定する．各母集団から n_i (≥ 4) 個の d 次元データ $\boldsymbol{x}_{i1},...,\boldsymbol{x}_{in_i}$ を無作為に抽出する．一般に，高次元データに対して $\boldsymbol{\Sigma}_1 = \boldsymbol{\Sigma}_2$ を仮定することは現実的ではないので，共分散行列の共通性は仮定しない．実際，対称行列 $\boldsymbol{\Sigma}_i$ の $d(d+1)/2$ 個の成分が 2 つの母集団ですべて等しいと仮定することは，d が大きい高次元データには余りにも非現実的である．高次元においては，共分散行列の共通性を仮定しない統計的推測が重要であり[8)]，さらにいえば，共分散行列の差異を積極的に利用した統計的推測が，むしろ合理的といえる．

本項では，次の 2 標本検定を考える[9)]．

$$H_0 : \boldsymbol{\mu}_{1,2} = \mathbf{0} \quad \text{vs.} \quad H_1 : \boldsymbol{\mu}_{1,2} \neq \mathbf{0} \tag{5.27}$$

ここで，$\boldsymbol{\mu}_{1,2} = \boldsymbol{\mu}_1 - \boldsymbol{\mu}_2$ である．Dempster [23] は，母集団分布が正規分布に従うことと $\boldsymbol{\Sigma}_1 = \boldsymbol{\Sigma}_2$ を仮定して，ある検定統計量を与えた．Bai and Saranadasa [14] は，正規分布の仮定を緩めて検定統計量を与えたが，依然として $\boldsymbol{\Sigma}_1 = \boldsymbol{\Sigma}_2$ を仮定していた．$\boldsymbol{\Sigma}_1 = \boldsymbol{\Sigma}_2$ を仮定しない場合には，NSSE モデル (C-i) をもつ非正規母集団に対して，後述する (5.28) 式に基づいた検定統計量が標準的である．この検定統計量について，Chen and Qin [20] は漸近分布を与え，Aoshima and Yata [3] は要求される有意水

---

8) 高次元共分散行列の共通性の検定は，文献 [36, 42, 54] 等を参照のこと．

9) 3 つ以上の母集団に対する高次元平均ベクトルの検定については，文献 [8, 48] 等を参照のこと．

準と検出力を同時に満足する検定方式を与えた．

各母集団 π_i で標本平均ベクトル $\bar{\boldsymbol{x}}_{in_i} = n_i^{-1}\sum_{j=1}^{n_i}\boldsymbol{x}_{ij}$ と標本共分散行列

$$\boldsymbol{S}_{in_i} = \frac{1}{n_i-1}\sum_{j=1}^{n_i}(\boldsymbol{x}_{ij}-\bar{\boldsymbol{x}}_{in_i})(\boldsymbol{x}_{ij}-\bar{\boldsymbol{x}}_{in_i})^T$$

を計算し，$\Delta_{1,2} = \|\boldsymbol{\mu}_{1,2}\|^2$ の推定量として

$$\begin{aligned}\widehat{\Delta}_{1,2} &= \|\bar{\boldsymbol{x}}_{1n_1}-\bar{\boldsymbol{x}}_{2n_2}\|^2 - \sum_{i=1}^{2}\frac{\mathrm{tr}(\boldsymbol{S}_{in_i})}{n_i} \\ &= \sum_{i=1}^{2}\frac{\sum_{j,k=1(j\neq k)}^{n_i}\boldsymbol{x}_{ij}^T\boldsymbol{x}_{ik}}{n_i(n_i-1)} - 2\frac{\sum_{j=1}^{n_1}\sum_{k=1}^{n_2}\boldsymbol{x}_{1j}^T\boldsymbol{x}_{2k}}{n_1n_2} \end{aligned} \tag{5.28}$$

を考える．そのとき，$E(\widehat{\Delta}_{1,2}) = \Delta_{1,2}$ であり

$$\mathrm{Var}(\widehat{\Delta}_{1,2}) = K_{1,2} + \sum_{i=1}^{2}\frac{4}{n_i}\boldsymbol{\mu}_{1,2}^T\boldsymbol{\Sigma}_i\boldsymbol{\mu}_{1,2} \tag{5.29}$$

となる．ここで，

$$K_{1,2} = \sum_{i=1}^{2}\frac{2}{n_i(n_i-1)}\mathrm{tr}(\boldsymbol{\Sigma}_i^2) + \frac{4}{n_1n_2}\mathrm{tr}(\boldsymbol{\Sigma}_1\boldsymbol{\Sigma}_2)$$

である．いま，$n_{\min} = \min\{n_1, n_2\}$ とおき，

$$\frac{\boldsymbol{\mu}_{1,2}^T\boldsymbol{\Sigma}_i\boldsymbol{\mu}_{1,2}}{n_i} \le \Delta_{1,2}\sqrt{\frac{\mathrm{tr}(\boldsymbol{\Sigma}_i^2)}{n_i^2}} \le \Delta_{1,2}\sqrt{K_{1,2}}$$

に注意すれば，次が成り立つ．

$\widehat{\mathbf{\Delta}}_{1,2}$ の一致性 (Aoshima and Yata [10])

(C-v) $d \to \infty$ で $n_{\min}$ は固定のとき，もしくは，$d \to \infty$ で $n_{\min} \to \infty$ のとき，$\dfrac{K_{1,2}}{\Delta_{1,2}^2} = o(1)$

なる条件を仮定する．そのとき，次が成り立つ．

$$\frac{\widehat{\Delta}_{1,2}}{\Delta_{1,2}} = 1 + o_P(1) \tag{5.30}$$

もしも，$d \to \infty$ のとき

$$\max_{i=1,2} \frac{\mathrm{tr}(\mathbf{\Sigma}_i^2)}{\Delta_{1,2}^2} = o(1)$$

ならば，n_1 と n_2 が固定であっても (5.30) 式が成り立つことに注意する．

次に，$\widehat{\Delta}_{1,2}$ の漸近正規性を議論する．各母集団に NSSE モデル (C-i) を仮定する．条件

(C-vi) $\displaystyle\limsup_{v\to\infty} \frac{\Delta_{1,2}^2}{K_{1,2}} < \infty$ ここで，$v = \min\{d, n_{\min}\}$

のもと，次が主張できる．

$$\begin{aligned}\sum_{i=1}^{2} \frac{\boldsymbol{\mu}_{1,2}^T \mathbf{\Sigma}_i \boldsymbol{\mu}_{1,2}}{n_i} &\le \Delta_{1,2} \sum_{i=1}^{2} \frac{\lambda_{\max}(\mathbf{\Sigma}_i)}{n_i} \\ &= o\left(\Delta_{1,2} \sum_{i=1}^{2} \sqrt{\mathrm{tr}(\mathbf{\Sigma}_i^2)/n_i^2}\right) = o\big(K_{1,2}\big)\end{aligned}$$

それゆえ，(5.29) 式から次を得る．

$$\frac{\mathrm{Var}(\widehat{\Delta}_{1,2})}{K_{1,2}} = 1 + o(1) \tag{5.31}$$

そのとき，次が成り立つ．

$\widehat{\boldsymbol{\Delta}}_{1,2}$ の漸近正規性 (Aoshima and Yata [10])

各母集団に NSSE モデル (C-i) と (C-iii) を仮定する．条件 (C-vi) のもとで，$v = \min\{d, n_{\min}\} \to \infty$ のとき，次が成り立つ．

$$\frac{\widehat{\Delta}_{1,2} - \Delta_{1,2}}{\sqrt{\mathrm{Var}(\widehat{\Delta}_{1,2})}} = \frac{\widehat{\Delta}_{1,2} - \Delta_{1,2}}{\sqrt{K_{1,2}}} + o_P(1) \xrightarrow{\mathcal{L}} N(0,1) \tag{5.32}$$

(5.32) 式は，次のように示される．いま，$\boldsymbol{x}_{j*} = (\boldsymbol{x}_{1j} - \boldsymbol{\mu}_1)/n_1$ $(j = 1, ..., n_1)$ とおき，$\boldsymbol{x}_{n_1+j*} = -(\boldsymbol{x}_{2j} - \boldsymbol{\mu}_2)/n_2$ $(j = 1, ..., n_2)$ とおく．また，

$$\zeta_k = 2\sum_{j=1}^{k-1} \frac{\boldsymbol{x}_{j*}^T \boldsymbol{x}_{k*}}{\sqrt{K_{1,2}}} \quad (k = 2, ..., n_1 + n_2)$$

とおく．そのとき，

$$\sqrt{K_{1,2}} \sum_{k=2}^{n_1+n_2} \zeta_k = \sum_{i=1}^{2} \frac{\sum_{j,k=1(j\neq k)}^{n_i} (\boldsymbol{x}_{ij} - \boldsymbol{\mu}_i)^T (\boldsymbol{x}_{ik} - \boldsymbol{\mu}_i)}{n_i^2} - 2\frac{\sum_{j=1}^{n_1}\sum_{k=1}^{n_2} (\boldsymbol{x}_{1j} - \boldsymbol{\mu}_1)^T (\boldsymbol{x}_{2k} - \boldsymbol{\mu}_2)}{n_1 n_2}$$

であり，$\mathrm{Var}(\sum_{k=2}^{n_1+n_2} \zeta_k) = 1 + o(1)$，$v \to \infty$ となる．各 $k\,(\geq 3)$ で，$\zeta_2, ..., \zeta_{k-1}$ を与えたときの条件付き期待値について $E(\zeta_k | \zeta_2, ..., \zeta_{k-1}) = 0$ となることに注意する．(5.10) 式の証明と同様に，各母集団に NSSE モデル (C-i) と (C-iii) を仮定すれば，$v \to \infty$ のとき次が成り立つ．

$$\sum_{k=2}^{n_1+n_2} \zeta_k \xrightarrow{\mathcal{L}} N(0,1)$$

条件 (C-vi) のもと，(5.31) 式に注意すれば，

$$\widehat{\Delta}_{1,2} - \Delta_{1,2} = \sum_{i=1}^{2} \frac{\sum_{j,k=1(j\neq k)}^{n_i} (\boldsymbol{x}_{ij} - \boldsymbol{\mu}_i)^T (\boldsymbol{x}_{ik} - \boldsymbol{\mu}_i)}{n_i(n_i-1)}$$
$$- 2\frac{\sum_{j=1}^{n_1}\sum_{k=1}^{n_2} (\boldsymbol{x}_{1j} - \boldsymbol{\mu}_1)^T (\boldsymbol{x}_{2k} - \boldsymbol{\mu}_2)}{n_1 n_2} + o_P\left(\sqrt{K_{1,2}}\right)$$
$$= \sqrt{K_{1,2}}\Big(\sum_{k=2}^{n_1+n_2} \zeta_k + o_P(1)\Big)$$

となり，(5.32) 式が示される．

未知の $K_{1,2}$ を，次のように推定する．

$$\widehat{K}_{1,2} = 2\sum_{i=1}^{2} \frac{W_{in_i}}{n_i(n_i-1)} + 4\frac{\mathrm{tr}(\boldsymbol{S}_{1n_1}\boldsymbol{S}_{2n_2})}{n_1 n_2}$$

ここで，W_{in_i} は (5.17) 式に従って計算する $\mathrm{tr}(\boldsymbol{\Sigma}_i^2)$ の不偏推定量である[10)]．各母集団に (C-iii) を仮定すれば，文献 [8] の (23) 式に与えられる

$$\mathrm{Var}\left(\frac{\mathrm{tr}(\boldsymbol{S}_{1n_1}\boldsymbol{S}_{2n_2})}{\mathrm{tr}(\boldsymbol{\Sigma}_1\boldsymbol{\Sigma}_2)}\right) = o(1)$$

が成立するので，$v \to \infty$ のとき

$$\frac{\mathrm{tr}(\boldsymbol{S}_{1n_1}\boldsymbol{S}_{2n_2})}{\mathrm{tr}(\boldsymbol{\Sigma}_1\boldsymbol{\Sigma}_2)} = 1 + o_P(1)$$

なる一致性が得られる．さらに，(5.18) 式も成立するので，$v \to \infty$ のとき，次の一致性が得られる．

$$\frac{\widehat{K}_{1,2}}{K_{1,2}} = 1 + o_P(1) \tag{5.33}$$

以上から，仮説 (5.27) を次のように検定する．

$$H_0 \text{ を棄却} \iff \frac{\widehat{\Delta}_{1,2}}{\sqrt{\widehat{K}_{1,2}}} > z_\alpha \tag{5.34}$$

検定方式 (5.34) の検出力を $\mathrm{Power}(\Delta_{1,2})$ と表記する．(5.32) 式と (5.33)

---

10) W_{CZZ} や W_{CDM} による $\mathrm{tr}(\boldsymbol{\Sigma}_i^2)$ の不偏推定量を用いてもよい．

式から，次が成り立つ．

検定方式 (5.34) の第1種の過誤と検出力 (Aoshima and Yata [10])

各母集団に NSSE モデル (C-i) と (C-iii) を仮定する．条件 (C-vi) のもとで，$v=\min\{d,n_{\min}\}\to\infty$ のとき，次が成り立つ．

$$\text{Size}=\alpha+o(1),\quad \text{Power}(\Delta_{1,2})=\Phi\left(\frac{\Delta_{1,2}}{\sqrt{K_{1,2}}}-z_\alpha\right)+o(1)$$

(5.26) 式と同様にして，(5.30) 式から次が成り立つ．

検定方式 (5.34) の一致性 (Aoshima and Yata [10])

各母集団に (C-iii) を仮定する．もしも条件 (C-v) を満たせば，$v=\min\{d,n_{\min}\}\to\infty$ のとき，次が成り立つ．

$$\text{Power}(\Delta_{1,2})=1+o(1)$$

Aoshima and Yata [8, 10] は，各母集団が NSSE モデル (C-i) をもつ場合に，検定方式 (5.34) が様々な高次元非正規分布に対して頑健であり，汎用性が高いことを理論的に示している[11)]．どちらか一方，もしくは，両方の母集団が SSE モデル (5.3) をもつ場合については，文献 [10, 33, 34] を参照のこと．

[11)] Aoshima and Yata [10] は，SSE モデル (5.3) をもつ非正規分布に対しても高次元2標本検定を考え，SSE モデルから NSSE モデルへのデータ変換法を開発し，非常に高い検出力をもつ新たな検定手法を与えている．実データ解析において，第1固有値が特に強スパイクするような SSE モデルが当てはまる場合がある．文献 [33, 34] を参照のこと．

第 6 章

高次元判別分析

本章では，高次元データの 2 群の判別分析を考えます．「ユークリッド距離に基づく判別分析」と「幾何学的表現に基づく判別分析」という 2 つの高次元判別分析を解説します．これらの判別手法は，Aoshima and Yata [3, 7, 9, 11, 12] において開発され，発展してきた方法論です．高次元空間で浮き彫りになるデータのパターンを利用することで，$d \gg n$ なる高次元小標本でも有用な方法論になっています．機械学習でよく知られるサポートベクターマシン (SVM) との関係にも触れ，高次元小標本データで SVM を扱う際の問題点を述べ，その修正方法についても言及します．

6.1　線形判別関数と 2 次判別関数

5.6.2 項と同様に母集団が 2 つあるとし，各母集団 (π_i) の分布には d 次の平均ベクトル $\boldsymbol{\mu}_i$ と d 次の正定値対称な共分散行列 $\boldsymbol{\Sigma}_i$ の存在を仮定する．各母集団 π_i から，学習データとして n_i (≥ 4) 個の d 次元データ $\boldsymbol{x}_{i1}, ..., \boldsymbol{x}_{in_i}$ を無作為に抽出し，標本平均 $\bar{\boldsymbol{x}}_{in_i} = n_i^{-1}\sum_{j=1}^{n_i}\boldsymbol{x}_{ij}$ と標本共分散行列

$$\boldsymbol{S}_{in_i} = \frac{1}{n_i - 1}\sum_{j=1}^{n_i}(\boldsymbol{x}_{ij} - \bar{\boldsymbol{x}}_{in_i})(\boldsymbol{x}_{ij} - \bar{\boldsymbol{x}}_{in_i})^T$$

を計算する．判別対象の d 次元データを $\boldsymbol{x}_0$ とする．ここで，$\boldsymbol{x}_0 \in \pi_1$ もしくは $\boldsymbol{x}_0 \in \pi_2$ であり，$\boldsymbol{x}_0$ と各母集団の学習データ $\boldsymbol{x}_{i1}, ..., \boldsymbol{x}_{in_i}$ は互い

に独立とする．判別の精度について，$\boldsymbol{x}_0(\in \pi_1)$ を π_2 に誤判別する確率を $e(1)$，$\boldsymbol{x}_0(\in \pi_2)$ を π_1 に誤判別する確率を $e(2)$ で表す．

多変量解析 $(n > d)$ では，$\boldsymbol{\Sigma}_1 = \boldsymbol{\Sigma}_2$ を仮定する場合に，**フィッシャーの線形判別関数** (Fisher's linear discriminant function)

$$Y_{\mathrm{F}}(\boldsymbol{x}_0) = \left(\boldsymbol{x}_0 - \frac{\bar{\boldsymbol{x}}_{1n_1} + \bar{\boldsymbol{x}}_{2n_2}}{2}\right)^T \boldsymbol{S}_{n*}^{-1}(\bar{\boldsymbol{x}}_{2n_2} - \bar{\boldsymbol{x}}_{1n_1}) \tag{6.1}$$

がよく知られる．ここで，$\boldsymbol{S}_{n*} = \sum_{i=1}^{2}(n_i - 1)\boldsymbol{S}_{in_i}/(n_1 + n_2 - 2)$ である．$\boldsymbol{\Sigma}_1 = \boldsymbol{\Sigma}_2$ を仮定しない場合には，母集団分布に正規分布を仮定して，**2次判別関数** (quadratic discriminant function)

$$\begin{aligned} Y_{\mathrm{Q}}(\boldsymbol{x}_0) = (\boldsymbol{x}_0 - \bar{\boldsymbol{x}}_{1n_1})^T \boldsymbol{S}_{1n_1}^{-1}(\boldsymbol{x}_0 - \bar{\boldsymbol{x}}_{1n_1}) - \log\{\det(\boldsymbol{S}_{2n_2}\boldsymbol{S}_{1n_1}^{-1})\} \\ - (\boldsymbol{x}_0 - \bar{\boldsymbol{x}}_{2n_2})^T \boldsymbol{S}_{2n_2}^{-1}(\boldsymbol{x}_0 - \bar{\boldsymbol{x}}_{2n_2}) \end{aligned} \tag{6.2}$$

がよく知られる[1]．

高次元データに対して，どういった判別関数が考えられるであろうか．第1章でも述べた通り，母集団分布に正規分布を仮定することは現実的ではない．さらに，逆行列 $\boldsymbol{S}_{n*}^{-1}$ と $\boldsymbol{S}_{in_i}^{-1}$ は高次元になると不安定になり，高次元小標本においては存在しない．$\boldsymbol{\Sigma}_1 = \boldsymbol{\Sigma}_2$ を仮定して，Bickel and Levina [17] や Dudoit et al. [24] は $\boldsymbol{S}_{n*}$ の対角成分だけを使った線形判別関数を，Fan and Fan [25] は変数選択に基づく線形判別関数を考え，また，Cai and Liu [18] や Shao et al. [51] は共分散行列にスパース性を想定したスパース線形判別関数を考えた．しかしながら，高次元データに対して，$d(d+1)/2$ 個の等号制約を意味する $\boldsymbol{\Sigma}_1 = \boldsymbol{\Sigma}_2$ なる仮定は現実的でない．高次元データには共分散行列の共通性を仮定しない判別関数，さらにいえば，母集団間の共分散行列の差異を積極的に利用した判別関数が望まれる．Hall et al. [30]，Chan and Hall [19]，Aoshima and Yata [7, 12] は，母集団分布に正規分布や共分散行列の共通性を仮定することなしに，線形判別関数 (6.1) に替わる判別関数として，ユークリッド距離に基づく線形判別関数を考えた．他にも，Hall et al. [29] や Marron et al. [44]

[1] $\det(\boldsymbol{M})$ は正方行列 $\boldsymbol{M}$ の行列式を表す．

による重み付き距離に基づく線形判別関数 (DWD) がある．また，2 次判別関数 (6.2) に替わる判別関数として，Aoshima and Yata [3, 9] は，図 5.1 に見られる高次元小標本の幾何学的表現に基づく 2 次判別関数を考えた．他にも，Aoshima and Yata [12] による変数選択に基づく 2 次判別関数や，Li and Shao [43] によるスパース 2 次判別関数などがある[2)]．

本章では，$d \to \infty$ で n_1 と n_2 は固定といった，高次元小標本でも有用な判別方式を議論する．(5.9) 式と同様に，各母集団 (π_i) で次のモデルを考える．

$$\boldsymbol{x}_{ij} = \boldsymbol{\Gamma}_i \boldsymbol{y}_{ij} + \boldsymbol{\mu}_i \quad (j = 1, ..., n_i)$$

ここで，$\boldsymbol{\Gamma}_i$ は $\boldsymbol{\Gamma}_i \boldsymbol{\Gamma}_i^T = \boldsymbol{\Sigma}_i$ となる $d \times q_i$ 行列で $d \le q_i$，$\boldsymbol{y}_{ij}$ は $E(\boldsymbol{y}_{ij}) = \boldsymbol{0}$，$\mathrm{Var}(\boldsymbol{y}_{ij}) = \boldsymbol{I}_{q_i}$ となる確率ベクトルである．いま，

$$\boldsymbol{y}_{ij} = (y_{ij(1)}, ..., y_{ij(q_i)})^T$$

とおき，各 $s\ (= 1, ..., q_i)$ で $\mathrm{Var}(y_{ij(s)}^2) = M_{i(s)}$ とおく．各母集団 (π_i) の分布には，必要な箇所で以下を仮定する[3)]．

(D-i) すべての s で，$M_{i(s)} < M_{iy}$（ここで，M_{iy} は d に依存しない正の定数），すべての $s \ne t$ で $E(y_{ij(s)}^2 y_{ij(t)}^2) = 1$，すべての $s \ne t, s', t'$ で $E(y_{ij(s)} y_{ij(t)} y_{ij(s')} y_{ij(t')}) = 0$

6.2 ユークリッド距離に基づく高次元判別分析

Aoshima and Yata [7] は，**ユークリッド距離に基づく判別分析** (distance-based discriminant analysis: DBDA) を考えた．判別関数を次のように定義する．

---

2) Aoshima and Yata [12] は，高次元データの特徴を捉えた 2 次判別関数のクラスを考え，誤判別確率に関する一致性と漸近正規性を導き，高次元における最適性を論じている．内容がより専門的になるので，本書では扱わない．文献 [12] を参照のこと．

3) 第 5 章で扱った仮定 (C-iii) を，本章では (D-i) として再掲した．

$$Y_{\mathrm{D}}(\boldsymbol{x}_0) = \left(\boldsymbol{x}_0 - \frac{\bar{\boldsymbol{x}}_{1n_1} + \bar{\boldsymbol{x}}_{2n_2}}{2}\right)^T (\bar{\boldsymbol{x}}_{2n_2} - \bar{\boldsymbol{x}}_{1n_1}) - \frac{\mathrm{tr}(\boldsymbol{S}_{1n_1})}{2n_1} + \frac{\mathrm{tr}(\boldsymbol{S}_{2n_2})}{2n_2} \tag{6.3}$$

DBDA の判別方式は,

$$Y_{\mathrm{D}}(\boldsymbol{x}_0) < 0 \text{ のとき } \boldsymbol{x}_0 \in \pi_1, \quad Y_{\mathrm{D}}(\boldsymbol{x}_0) \geq 0 \text{ のとき } \boldsymbol{x}_0 \in \pi_2$$

である. 判別関数 (6.3) は, (6.1) 式の $\boldsymbol{S}_{n*}$ を $\boldsymbol{I}_d$ で代用し, バイアス補正項 $-\mathrm{tr}(\boldsymbol{S}_{1n_1})/(2n_1) + \mathrm{tr}(\boldsymbol{S}_{2n_2})/(2n_2)$ を加えたものである.

6.2.1 DBDA の一致性

DBDA の一致性について考える. $\boldsymbol{x}_0 \in \pi_i$ $(i = 1, 2)$ のとき, $Y_{\mathrm{D}}(\boldsymbol{x}_0)$ を次のように式変形する.

$$\begin{aligned}
&Y_{\mathrm{D}}(\boldsymbol{x}_0) - (-1)^i \frac{\Delta_{1,2}}{2} \\
&= \frac{1}{2}\sum_{l=1}^{2}(-1)^{l+1}\left\{\|\bar{\boldsymbol{x}}_{ln_l} - \boldsymbol{\mu}_l\|^2 - \frac{\mathrm{tr}(\boldsymbol{S}_{ln_l})}{n_l}\right\} \\
&\quad + (\boldsymbol{x}_0 - \boldsymbol{\mu}_i)^T\{(\bar{\boldsymbol{x}}_{2n_2} - \boldsymbol{\mu}_2) - (\bar{\boldsymbol{x}}_{1n_1} - \boldsymbol{\mu}_1)\} \\
&\quad - (\boldsymbol{x}_0 - \boldsymbol{\mu}_i)^T \boldsymbol{\mu}_{1,2} + (\bar{\boldsymbol{x}}_{i'n_{i'}} - \boldsymbol{\mu}_{i'})^T \boldsymbol{\mu}_{1,2} \quad (i' \neq i)
\end{aligned} \tag{6.4}$$

ここで, $\Delta_{1,2} = \|\boldsymbol{\mu}_{1,2}\|^2$, $\boldsymbol{\mu}_{1,2} = \boldsymbol{\mu}_1 - \boldsymbol{\mu}_2$ である. (5.6) 式から

$$\mathrm{Var}\left\{\|\bar{\boldsymbol{x}}_{ln_l} - \boldsymbol{\mu}_l\|^2 - \frac{\mathrm{tr}(\boldsymbol{S}_{ln_l})}{n_l}\right\} = \frac{2\mathrm{tr}(\boldsymbol{\Sigma}_l^2)}{n_l(n_l - 1)} \tag{6.5}$$

となることに注意すれば, 次が成り立つ.

$$\begin{aligned}
E\{Y_{\mathrm{D}}(\boldsymbol{x}_0)\} &= (-1)^i \frac{\Delta_{1,2}}{2} \\
\mathrm{Var}\{Y_{\mathrm{D}}(\boldsymbol{x}_0)\} &= G_i + \boldsymbol{\mu}_{1,2}^T(\boldsymbol{\Sigma}_i + \boldsymbol{\Sigma}_{i'}/n_{i'})\boldsymbol{\mu}_{1,2} \quad (i' \neq i)
\end{aligned}$$

ここで,

$$G_i = \frac{\mathrm{tr}(\boldsymbol{\Sigma}_i^2)}{n_i} + \frac{\mathrm{tr}(\boldsymbol{\Sigma}_1\boldsymbol{\Sigma}_2)}{n_{i'}} + \sum_{l=1}^{2}\frac{\mathrm{tr}(\boldsymbol{\Sigma}_l^2)}{2n_l(n_l - 1)} \quad (i' \neq i)$$

である．そのとき，DBDA の一致性について，次が成り立つ．

DBDA の一致性 (Aoshima and Yata [7])

各母集団 π_i $(i=1,2)$ で，次の 2 条件を仮定する．

(D-ii) $d\to\infty$ のとき，$\dfrac{\boldsymbol{\mu}_{1,2}^T\boldsymbol{\Sigma}_i\boldsymbol{\mu}_{1,2}}{\Delta_{1,2}^2}=o(1)$

(D-iii) $d\to\infty$ で $n_{\min}=\min\{n_1,n_2\}$ は固定のとき，もしくは，$d\to\infty$ で $n_{\min}\to\infty$ のとき，$\dfrac{G_i}{\Delta_{1,2}^2}=o(1)$

そのとき，$\boldsymbol{x}_0(\in\pi_i)$ の判別関数 $Y_{\mathrm{D}}(\boldsymbol{x}_0)$ について，次が成り立つ．

$$\frac{Y_{\mathrm{D}}(\boldsymbol{x}_0)}{\Delta_{1,2}}=\frac{(-1)^i}{2}+o_P(1)$$

つまり，DBDA の誤判別確率について，次の一致性が成り立つ．

$$e(1)\to 0,\quad e(2)\to 0 \tag{6.6}$$

条件 (D-ii) において

$$\boldsymbol{\mu}_{1,2}^T\boldsymbol{\Sigma}_i\boldsymbol{\mu}_{1,2}\le\Delta_{1,2}\sqrt{\mathrm{tr}(\boldsymbol{\Sigma}_i^2)} \tag{6.7}$$

に注意する．もしも，$d\to\infty$ のとき

$$\max_{i=1,2}\frac{\mathrm{tr}(\boldsymbol{\Sigma}_i^2)}{\Delta_{1,2}^2}=o(1)$$

ならば，条件 (D-ii) と (D-iii) が満たされるので，n_1 と n_2 が固定であっても DBDA は一致性 (6.6) が成立する．DBDA は，母集団分布に (D-i) 等を仮定せずに，$\boldsymbol{\mu}_{1,2}$ の**非スパース性**[4)] (non-sparsity) を利用して判別する手法になっている．

3.1 節で取り上げた文献 [27] の，急性リンパ性白血病 (ALL) 患者 (π_1) と急性骨髄性白血病 (AML) 患者 (π_2) からなる遺伝子数 7129 $(=d)$ の遺

4) $\boldsymbol{\mu}_{1,2}$ などの非スパース性について，詳細は文献 [12] を参照のこと．

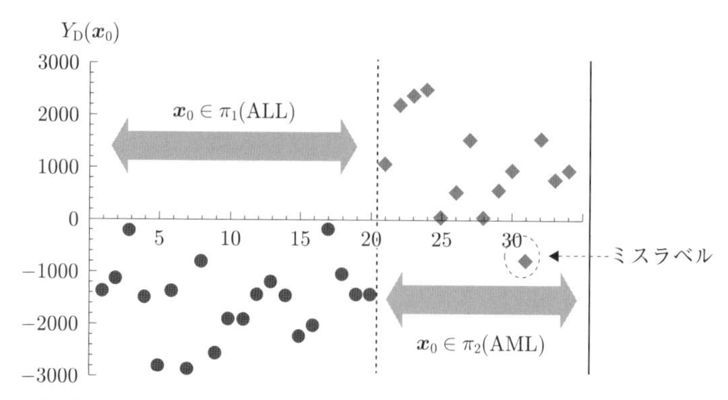

図 6.1 合計 34 個のテストデータに対する $Y_{\rm D}(\boldsymbol{x}_0)$ の値．表 3.1 と同様に，データはすべて $\{2d/(\mathrm{tr}(\boldsymbol{S}_{1n_1})+\mathrm{tr}(\boldsymbol{S}_{2n_2}))\}^{1/2}\boldsymbol{x}_{ij}$ と標準化して使っている．

伝子発現データに対して，DBDA を適用してみた．このデータセットは，ALL が 47 サンプル，AML が 25 サンプルから構成されており，内訳は，学習データとして ALL の $27(=n_1)$ サンプルと AML の $11(=n_2)$ サンプル，テストデータとして ALL の 20 サンプルと AML の 14 サンプルからなる．学習データから $\bar{\boldsymbol{x}}_{in_i}$，$\boldsymbol{S}_{in_i}$ を計算し，各テストデータを $\boldsymbol{x}_0$ として $Y_{\rm D}(\boldsymbol{x}_0)$ を計算した結果が図 6.1 である．この図から，$\boldsymbol{x}_0 \in \pi_1$(ALL) のとき $Y_{\rm D}(\boldsymbol{x}_0)$ がすべて負になっており，正しく母集団を判別できていることがわかる．また，$\boldsymbol{x}_0 \in \pi_2$(AML) のときも，高い精度で母集団を判別できている．

6.2.2 DBDA の漸近正規性

各母集団に，(D-i) と第 5 章で扱った NSSE モデル

(D-iv) $$\frac{\{\lambda_{\max}(\boldsymbol{\Sigma}_i)\}^2}{\mathrm{tr}(\boldsymbol{\Sigma}_i^2)} = \frac{\lambda_{i(1)}^2}{\sum_{s=1}^d \lambda_{i(s)}^2} \to 0 \quad (d \to \infty)$$

を仮定する．そのとき，DBDA の漸近正規性について，次が成り立つ[5)]．

[5)] SSE モデル (5.3) における漸近正規性については，Aoshima and Yata [11] を参照のこと．SSE モデルの扱いは発展的な話題になるので，本書では扱わない．

DBDA の漸近正規性 (Aoshima and Yata [7])

各母集団 $\pi_i(i=1,2)$ に，(D-i)，NSSE モデル (D-iv)，および，次の条件を仮定する．

(D-v)　$v=\min\{d,n_{\min}\}\to\infty$ のとき，$\dfrac{\boldsymbol{\mu}_{1,2}^T\boldsymbol{\Sigma}_i\boldsymbol{\mu}_{1,2}}{G_i}=o(1)$

(D-vi)　$M_{\Sigma^2,\min}<\dfrac{\mathrm{tr}(\boldsymbol{\Sigma}_1^2)}{\mathrm{tr}(\boldsymbol{\Sigma}_2^2)}<M_{\Sigma^2,\max},\quad \dfrac{\mathrm{tr}(\boldsymbol{\Sigma}_1^2)}{\mathrm{tr}(\boldsymbol{\Sigma}_1\boldsymbol{\Sigma}_2)}<M_{\Sigma^2}$

($M_{\Sigma^2,\min}, M_{\Sigma^2,\max}, M_{\Sigma^2}$ は d に依存しない正の定数)

そのとき，$\boldsymbol{x}_0(\in\pi_i)$ の判別関数 $Y_{\mathrm{D}}(\boldsymbol{x}_0)$ について，$v\to\infty$ のとき次が成り立つ．

$$\frac{Y_{\mathrm{D}}(\boldsymbol{x}_0)-\frac{(-1)^i}{2}\Delta_{1,2}}{\sqrt{G_i}}\xrightarrow{\mathcal{L}}N(0,1) \tag{6.8}$$

DBDA の誤判別確率について，次が成り立つ．

$$e(i)=\Phi\left(\frac{-\Delta_{1,2}}{2\sqrt{G_i}}\right)+o(1) \tag{6.9}$$

ここで，$\Phi(\cdot)$ は $N(0,1)$ の分布関数である．

簡単に，(6.8) 式の証明を与える．$\boldsymbol{x}_0\in\pi_i$ $(i=1,2)$ を仮定する．(6.5) 式から，条件 (D-vi) のもとで，$v\to\infty$ のとき $\mathrm{Var}\{\|\bar{\boldsymbol{x}}_{ln_l}-\boldsymbol{\mu}_l\|^2-n_l^{-1}\mathrm{tr}(\boldsymbol{S}_{ln_l})\}=o(G_l)$ となることに注意する．そのとき，(6.4) 式にチェビシェフの不等式を用いれば，条件 (D-v) のもとで次が成り立つ．

$$\begin{aligned}&Y_{\mathrm{D}}(\boldsymbol{x}_0)-\frac{(-1)^i}{2}\Delta_{1,2}\\&=(\boldsymbol{x}_0-\boldsymbol{\mu}_i)^T\{(\overline{\boldsymbol{x}}_{2n_2}-\boldsymbol{\mu}_2)-(\overline{\boldsymbol{x}}_{1n_1}-\boldsymbol{\mu}_1)\}+o_P(\sqrt{G_i})\end{aligned} \tag{6.10}$$

いま，

$$\omega_{k*} = -\frac{(\boldsymbol{x}_0 - \boldsymbol{\mu}_i)^T(\boldsymbol{x}_{1k} - \boldsymbol{\mu}_1)}{n_1\sqrt{G_i}} \quad (k = 1, ..., n_1)$$

$$\omega_{n_1+k*} = \frac{(\boldsymbol{x}_0 - \boldsymbol{\mu}_i)^T(\boldsymbol{x}_{2k} - \boldsymbol{\mu}_2)}{n_2\sqrt{G_i}} \quad (k = 1, ..., n_2)$$

とおく．そのとき，$E(\omega_{k*}) = 0 \ (k = 1, ..., n_1 + n_2)$ となり，

$$\sum_{k=1}^{n_1+n_2} \omega_{k*} = \frac{(\boldsymbol{x}_0 - \boldsymbol{\mu}_i)^T\{(\overline{\boldsymbol{x}}_{2n_2} - \boldsymbol{\mu}_2) - (\overline{\boldsymbol{x}}_{1n_1} - \boldsymbol{\mu}_1)\}}{\sqrt{G_i}}$$

である．ここで，$\boldsymbol{x}_0 \in \pi_i$ のとき条件付き期待値が $E(\omega_{k*}|\omega_{1*}, ..., \omega_{k-1*}) = 0 \ (k \geq 2)$ となり，$\omega_{1*}, \omega_{2*}, ...$ はマルチンゲール差分列になっている．そのとき，各母集団に (D-i) と NSSE モデル (D-iv) を仮定すれば，$v \to \infty$ のときに次が示せる[6)]．

(i) $\sum_{k=1}^{n_1+n_2} \omega_{k*}^2 = 1 + o_P(1)$

(ii) 任意の $\tau > 0$ に対して，$\sum_{k=1}^{n_1+n_2} E\{\omega_{k*}^2 I(\omega_{k*}^2 > \tau)\} = o(1)$

それゆえ，マルチンゲール中心極限定理より，$\sum_{k=1}^{n_1+n_2} \omega_{k*}$ の漸近正規性が示せる．つまり，(6.10) 式から (6.8) 式が導かれる．

Aoshima and Yata [7] は，誤判別確率が事前に設定される限界値を超えないような精度保証を考え，これを満たす判別方式を漸近正規性 (6.8) に基づいて構築している．なお，誤判別確率 (6.9) は次のように推定できる．(5.17) 式に基づいて計算される $\mathrm{tr}(\boldsymbol{\Sigma}_i^2)$ の不偏推定量 W_{in_i} と，(5.28) 式で与えた $\Delta_{1,2}$ の不偏推定量 $\widehat{\Delta}_{1,2}$ を用いれば，誤判別確率の推定量として

$$\hat{e}(i) = \Phi\left(\frac{-\widehat{\Delta}_{1,2}}{2\sqrt{\widehat{G}_i}}\right)$$

が考えられる．ここで，

6) (i) と (ii) の証明は，文献 [7] の 6.3 節を参照のこと．

$$\widehat{G}_i = \frac{W_{in_i}}{n_i} + \frac{\mathrm{tr}(\boldsymbol{S}_{1n_1}\boldsymbol{S}_{2n_2})}{n_{i'}} + \sum_{l=1}^{2} \frac{W_{ln_l}}{2n_l(n_l-1)} \quad (i' \neq i)$$

である．そのとき，(5.30) 式と (5.33) 式に注意し，各母集団に (D-i) と第5章で与えた条件 (C-v) を仮定すれば，$v \to \infty$ のとき次が成り立つ[7)]．

$$\hat{e}(i) = \Phi\left(\frac{-\Delta_{1,2}}{2\sqrt{G_i}}\right) + o(1)$$

6.3　幾何学的表現に基づく高次元判別分析

(2.4) 式と同様に，各母集団に球形条件を仮定する．

$$\frac{\mathrm{tr}(\boldsymbol{\Sigma}_i^2)}{\{\mathrm{tr}(\boldsymbol{\Sigma}_i)\}^2} \to 0 \quad (d \to \infty) \tag{6.11}$$

球形条件 (6.11) は次の固有値条件と同値である．

$$\frac{\lambda_{\max}(\boldsymbol{\Sigma}_i)}{\mathrm{tr}(\boldsymbol{\Sigma}_i)} = \frac{\lambda_{i(1)}}{\sum_{s=1}^{d}\lambda_{i(s)}} \to 0 \quad (d \to \infty)$$

したがって，球形条件 (6.11) は NSSE モデル (D-iv) よりも緩い条件となっている．さらに，(D-i) を仮定すると，(2.6) 式と同様に，$\boldsymbol{x}_0 \in \pi_i$ $(i = 1, 2)$ について次が成り立つ．

$$\|\boldsymbol{x}_0 - \boldsymbol{\mu}_i\| = \sqrt{\mathrm{tr}(\boldsymbol{\Sigma}_i)}\{1 + o_P(1)\} \quad (d \to \infty) \tag{6.12}$$

すなわち，各母集団で高次元において図 5.1 のような球面集中現象が現れ，そのときの球の半径が $\sqrt{\mathrm{tr}(\boldsymbol{\Sigma}_1)}$ と $\sqrt{\mathrm{tr}(\boldsymbol{\Sigma}_2)}$ になる．もしも，2 つの母集団で $\mathrm{tr}(\boldsymbol{\Sigma}_i)$ が異なれば，図 6.2 のように，高次元において 2 つの球の違いが浮き彫りになる．Aoshima and Yata [3, 9] は，母集団間の球の中心と半径の差異を利用して，**幾何的 2 次判別分析** (geometrical quadratic discriminant analysis: GQDA) を考えた．判別関数を次のように定義する．

[7)] DBDA の誤判別確率の推定について，文献 [58] でも議論されている．

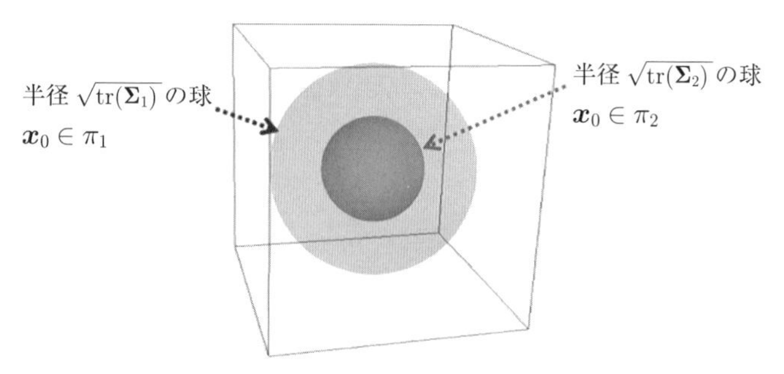

図 6.2　$\boldsymbol{x}_0$ の球面集中現象．$\boldsymbol{x}_0 \in \pi_1$ の場合と $\boldsymbol{x}_0 \in \pi_2$ の場合．

$$Y_{\mathrm{G}}(\boldsymbol{x}_0) = \frac{d\|\boldsymbol{x}_0 - \bar{\boldsymbol{x}}_{1n_1}\|^2}{\mathrm{tr}(\boldsymbol{S}_{1n_1})} - \frac{d\|\boldsymbol{x}_0 - \bar{\boldsymbol{x}}_{2n_2}\|^2}{\mathrm{tr}(\boldsymbol{S}_{2n_2})} - d\log\left\{\frac{\mathrm{tr}(\boldsymbol{S}_{2n_2})}{\mathrm{tr}(\boldsymbol{S}_{1n_1})}\right\} - \frac{d}{n_1} + \frac{d}{n_2} \tag{6.13}$$

GQDA の判別方式は，

$$Y_{\mathrm{G}}(\boldsymbol{x}_0) < 0 \text{ のとき } \boldsymbol{x}_0 \in \pi_1, \quad Y_{\mathrm{G}}(\boldsymbol{x}_0) \geq 0 \text{ のとき } \boldsymbol{x}_0 \in \pi_2$$

である．判別関数 (6.13) は，(6.2) 式の $\boldsymbol{S}_{in_i}$ を $\{\mathrm{tr}(\boldsymbol{S}_{in_i})/d\}\boldsymbol{I}_d$ で代用して，バイアス補正項 $-d/n_1 + d/n_2$ を加えたものと捉えることもできる．

6.3.1　GQDA の一致性

$\psi_i = \mathrm{tr}(\boldsymbol{\Sigma}_{i'})/\mathrm{tr}(\boldsymbol{\Sigma}_i)$, $i = 1,2$ $(i' \neq i)$ とおく．$\lim_{d\to\infty}\psi_i = c_i$ $(\neq 1)$, $i = 1,2$ となる場合を考える．正則条件 (1.3) と (6.7) 式に注意すると，球形条件 (6.11) のもとで各母集団に次が成り立つ．

$$\frac{\boldsymbol{\mu}_{1,2}^T\boldsymbol{\Sigma}_i\boldsymbol{\mu}_{1,2}}{\{\mathrm{tr}(\boldsymbol{\Sigma}_2)\}^2} = O\left(\frac{\sqrt{\mathrm{tr}(\boldsymbol{\Sigma}_i^2)}}{\mathrm{tr}(\boldsymbol{\Sigma}_2)}\right) \to 0 \quad (d \to \infty)$$

また，仮定 (D-i) と球形条件 (6.11) のもとで各母集団に次が成り立つ．

$$\mathrm{Var}\left(\frac{\mathrm{tr}(\boldsymbol{S}_{in_i})}{\mathrm{tr}(\boldsymbol{\Sigma}_i)}\right) = O\left(\frac{\mathrm{tr}(\boldsymbol{\Sigma}_i^2)}{n_i\{\mathrm{tr}(\boldsymbol{\Sigma}_i)\}^2}\right) \to 0 \quad (d \to \infty)$$

さらに，(6.5) 式に注意し，仮定 (D-i) と球形条件 (6.11) のもとで (6.12) 式を用いると，$d \to \infty$ で $n_{\min}$ は固定，もしくは，$d \to \infty$ で $n_{\min} \to \infty$

のとき，$\boldsymbol{x}_0 \in \pi_1$ について次が成り立つ．

$$\begin{aligned}\frac{\|\boldsymbol{x}_0 - \bar{\boldsymbol{x}}_{1n_1}\|^2}{\mathrm{tr}(\boldsymbol{S}_{1n_1})} - \frac{1}{n_1} &= \frac{\|\boldsymbol{x}_0 - \boldsymbol{\mu}_1\|^2 - 2(\boldsymbol{x}_0 - \boldsymbol{\mu}_1)^T(\bar{\boldsymbol{x}}_{1n_1} - \boldsymbol{\mu}_1)}{\mathrm{tr}(\boldsymbol{S}_{1n_1})} \\ &\quad + \frac{\|\bar{\boldsymbol{x}}_{1n_1} - \boldsymbol{\mu}_1\|^2 - \mathrm{tr}(\boldsymbol{S}_{1n_1})/n_1}{\mathrm{tr}(\boldsymbol{S}_{1n_1})} \\ &= \frac{\|\boldsymbol{x}_0 - \boldsymbol{\mu}_1\|^2}{\mathrm{tr}(\boldsymbol{\Sigma}_1)} + o_P(1) \\ &= 1 + o_P(1)\end{aligned}$$

$$\begin{aligned}&\frac{\|\boldsymbol{x}_0 - \bar{\boldsymbol{x}}_{2n_2}\|^2}{\mathrm{tr}(\boldsymbol{S}_{2n_2})} - \frac{1}{n_2} \\ &= \frac{\|\boldsymbol{x}_0 - \boldsymbol{\mu}_1 + \boldsymbol{\mu}_{1,2}\|^2 - 2(\boldsymbol{x}_0 - \boldsymbol{\mu}_1 + \boldsymbol{\mu}_{1,2})^T(\bar{\boldsymbol{x}}_{2n_2} - \boldsymbol{\mu}_2)}{\mathrm{tr}(\boldsymbol{S}_{2n_2})} + o_P(1) \\ &= \frac{\|\boldsymbol{x}_0 - \boldsymbol{\mu}_1\|^2}{\mathrm{tr}(\boldsymbol{\Sigma}_2)} + \frac{\Delta_{1,2}}{\mathrm{tr}(\boldsymbol{\Sigma}_2)} + o_P(1) \\ &= \frac{\mathrm{tr}(\boldsymbol{\Sigma}_1)}{\mathrm{tr}(\boldsymbol{\Sigma}_2)} + \frac{\Delta_{1,2}}{\mathrm{tr}(\boldsymbol{\Sigma}_2)} + o_P(1)\end{aligned}$$

そのとき，次のような主張ができる．

$$\begin{aligned}\frac{Y_{\mathrm{G}}(\boldsymbol{x}_0)}{d} + \frac{\Delta_{1,2}}{\mathrm{tr}(\boldsymbol{\Sigma}_2)} &= 1 - \psi_2 + \log\psi_2 + o_P(1) \\ &= 1 - c_2 + \log c_2 + o_P(1)\end{aligned}$$

正の定数 c について，$c \neq 1$ のとき $1-c+\log c < 0$ となることに注意すれば，$\boldsymbol{x}_0 \in \pi_1$ について $Y_{\mathrm{G}}(\boldsymbol{x}_0)/d$ は漸近的に負となる．同様に，$\boldsymbol{x}_0 \in \pi_2$ について，

$$\frac{Y_{\mathrm{G}}(\boldsymbol{x}_0)}{d} - \frac{\Delta_{1,2}}{\mathrm{tr}(\boldsymbol{\Sigma}_1)} = c_1 - 1 - \log c_1 + o_P(1)$$

となり，$Y_{\mathrm{G}}(\boldsymbol{x}_0)/d$ は漸近的に正となる．以上から，$\lim_{d\to\infty}\psi_i = c_i\ (\neq 1)$ となるくらい $\mathrm{tr}(\boldsymbol{\Sigma}_1)$ と $\mathrm{tr}(\boldsymbol{\Sigma}_2)$ に差異があれば，GQDA の誤判別確率は漸近的に 0 となる．これは，$\Delta_{1,2} = 0$ $(\boldsymbol{\mu}_1 = \boldsymbol{\mu}_2)$ のときでも成立する．

次に，$\mathrm{tr}(\boldsymbol{\Sigma}_1)$ と $\mathrm{tr}(\boldsymbol{\Sigma}_2)$ に十分な差異がなく，$\lim_{d\to\infty}\psi_i = 1$ となる場合を考える．その場合，$d \to \infty$ のときの $Y_{\mathrm{G}}(\boldsymbol{x}_0)/d$ の主要項は

$$
\psi_i - 1 - \log \psi_i + \frac{\Delta_{1,2}}{\mathrm{tr}(\boldsymbol{\Sigma}_i)}
= \frac{\Delta_{1,2} + \{\mathrm{tr}(\boldsymbol{\Sigma}_1) - \mathrm{tr}(\boldsymbol{\Sigma}_2)\}^2/\{2\mathrm{tr}(\boldsymbol{\Sigma}_i)\}}{\mathrm{tr}(\boldsymbol{\Sigma}_i)}\{1+o(1)\} \quad (i=1,2)
$$

と表せるので，

$$
\Delta_{1,2\star} = \Delta_{1,2} + \frac{\{\mathrm{tr}(\boldsymbol{\Sigma}_1) - \mathrm{tr}(\boldsymbol{\Sigma}_2)\}^2}{2\max_{i=1,2}\mathrm{tr}(\boldsymbol{\Sigma}_i)}
$$

は2群の差異を表す尺度とみなせる．GQDA の一致性は次のようにまとめられる[8]．

GQDA の一致性 (Aoshima and Yata [7])

各母集団 $\pi_i (i=1,2)$ に，(D-i) と次の条件を仮定する．

(D-vii) $d \to \infty$ のとき，$\dfrac{\boldsymbol{\mu}_{1,2}^T \boldsymbol{\Sigma}_i \boldsymbol{\mu}_{1,2}}{\Delta_{1,2\star}^2} = o(1)$ かつ

$$
\frac{\mathrm{tr}(\boldsymbol{\Sigma}_i^2)\{\mathrm{tr}(\boldsymbol{\Sigma}_1) - \mathrm{tr}(\boldsymbol{\Sigma}_2)\}^2}{\{\mathrm{tr}(\boldsymbol{\Sigma}_i)\}^2 \Delta_{1,2\star}^2} = o(1)
$$

(D-viii) $d \to \infty$ で $n_{\min}$ は固定のとき，もしくは，$d \to \infty$ で $n_{\min} \to \infty$ のとき，$\dfrac{\mathrm{tr}(\boldsymbol{\Sigma}_i^2)}{n_{\min}\Delta_{1,2\star}^2} = o(1)$

そのとき，GQDA の誤判別確率について一致性 (6.6) が成り立つ．

(D-vii) の2つ目の条件は，正則条件 (1.3) と仮定 (D-i) のもと，$\boldsymbol{x}_0 \in \pi_i$ について

$$
\mathrm{Var}\left(\frac{d\|\boldsymbol{x}_0 - \boldsymbol{\mu}_i\|^2}{\mathrm{tr}(\boldsymbol{\Sigma}_1)} - \frac{d\|\boldsymbol{x}_0 - \boldsymbol{\mu}_i\|^2}{\mathrm{tr}(\boldsymbol{\Sigma}_2)} \right) = O\left(\frac{\mathrm{tr}(\boldsymbol{\Sigma}_i^2)\{\mathrm{tr}(\boldsymbol{\Sigma}_1) - \mathrm{tr}(\boldsymbol{\Sigma}_2)\}^2}{\{\mathrm{tr}(\boldsymbol{\Sigma}_i)\}^2} \right)
$$

となることに基づいている．

例えば，各母集団で $\mathrm{tr}(\boldsymbol{\Sigma}_i^2) = O(d)$ となる場合を想定すると，$\Delta_{1,2} > d^\alpha$ $(\alpha > 1/2)$，もしくは，$|\mathrm{tr}(\boldsymbol{\Sigma}_1) - \mathrm{tr}(\boldsymbol{\Sigma}_2)| > d^\alpha$ $(\alpha > 3/4)$ ならば，

[8] GQDA の一致性の証明は，文献 [7] を参照のこと．

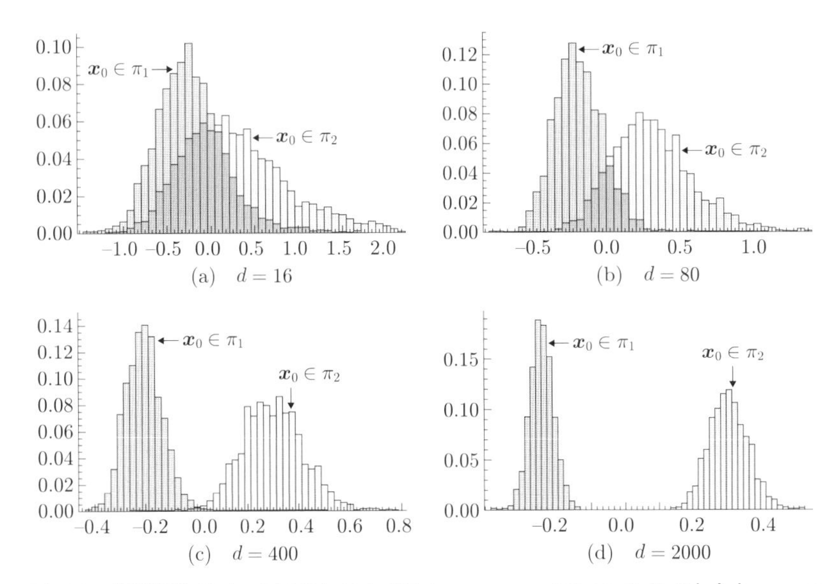

図 6.3　判別関数 $Y_{\mathrm{G}}(\boldsymbol{x}_0)/d$ のヒストグラム．$\boldsymbol{x}_0 \in \pi_1$ $(N_d(\boldsymbol{0}, \boldsymbol{I}_d))$ のときと，$\boldsymbol{x}_0 \in \pi_2$ $(N_d(\boldsymbol{0}, 2\boldsymbol{I}_d))$ のとき．

条件 (D-vii) と (D-viii) が成り立ち，GQDA は仮定 (D-i) のもとで一致性 (6.6) が成り立つ[9]．

$Y_{\mathrm{G}}(\boldsymbol{x}_0)$ の漸近的挙動を簡単なシミュレーション実験で確認する．極めて単純な設定として，2 群は $\pi_1 : N_d(\boldsymbol{0}, \boldsymbol{I}_d)$，$\pi_2 : N_d(\boldsymbol{0}, 2\boldsymbol{I}_d)$ とし，$\boldsymbol{\mu}_1 = \boldsymbol{\mu}_2$ の場合を考える．このとき，$\Delta_{1,2\star} = d/4$ となる．前節の DBDA は，この状況において 2 群を識別することができない．いま，$n_1 = n_2 = 5$ と設定し，d =16, 80, 400, 2000 の 4 つの場合を考える．これらの設定は，仮定 (D-i) および条件 (D-vii) と (D-viii) を満たすことに注意する．すなわち，GQDA は一致性 (6.6) をもつ．図 6.3 は，$\boldsymbol{x}_0 \in \pi_1$ のときと $\boldsymbol{x}_0 \in \pi_2$ のときについて，それぞれ 2000 回のシミュレーションを行い，$Y_{\mathrm{G}}(\boldsymbol{x}_0)/d$ のヒストグラムを描いたものである．次元数が上がるにつれて，2 つのヒストグラムが原点を境に完全に分離していく様子が見てと

[9] GQDA の漸近正規性の証明は，文献 [3] を参照のこと．Aoshima and Yata [9] では，GQDA に基づいて，誤判別確率が事前に設定する限界値を超えないような判別方式を与えた．

れ，一致性 (6.6) が確認できる．このように，GQDA は，$\boldsymbol{\mu}_1$ と $\boldsymbol{\mu}_2$ の差だけでなく $\mathrm{tr}(\boldsymbol{\Sigma}_1)$ と $\mathrm{tr}(\boldsymbol{\Sigma}_2)$ の差も考慮した $\Delta_{1,2\star}$ を 2 群判別の尺度とすることで，判別精度を向上させている．この背景には，図 6.2 のような幾何学的な性質がある．

6.3.2 判別性能の比較

DBDA(6.3) と GQDA(6.13) の性能を，他の判別方式と比較する．次のようにシミュレーションを設計する．2 つの母集団の平均ベクトルを $\boldsymbol{\mu}_1 = \mathbf{0}$，$\boldsymbol{\mu}_2 = (1, ..., 1, 0, ..., 0)^T$ とする．ここで，$\boldsymbol{\mu}_2$ は最初の $\lceil d^{3/5} \rceil$ 個の成分が 1 である d 次のベクトルである．ただし，$\lceil x \rceil$ は x 以上の最小の整数を表す．そのとき，$\Delta_{1,2} = \|\boldsymbol{\mu}_1 - \boldsymbol{\mu}_2\|^2 = \lceil d^{3/5} \rceil \approx d^{3/5}$ である．2 つの母集団の共分散行列を

$$
\begin{aligned}
&\boldsymbol{\Sigma}_1 = \rho \boldsymbol{B}(0.3^{|i-j|^{1/3}})\boldsymbol{B}, \quad \boldsymbol{\Sigma}_2 = \boldsymbol{B}(0.3^{|i-j|^{1/3}})\boldsymbol{B}, \\
&\boldsymbol{B} = \mathrm{diag}\Big(\sqrt{0.5 + 1/(d+1)}, ..., \sqrt{0.5 + d/(d+1)}\Big)
\end{aligned}
$$

とする．そのとき，$\mathrm{tr}(\boldsymbol{\Sigma}_1) = \rho d$，$\mathrm{tr}(\boldsymbol{\Sigma}_2) = d$，

$$
\Delta_{1,2\star} = \lceil d^{3/5} \rceil + \frac{(1-\rho)^2 d}{2\max\{1,\ \rho\}}
$$

となる．$\mathrm{tr}(\boldsymbol{\Sigma}_i^2) = O(d)$ に注意すれば，任意の自然数 n_i $(i = 1, 2)$ について，条件 (D-ii)，(D-iii)，(D-vii)，(D-viii) が満たされる．2 つの母集団 $\pi_i, i = 1, 2$ について，次の 3 つの場合を考える．

- **(I)** $N_d(\boldsymbol{\mu}_i, \boldsymbol{\Sigma}_i)$，$d = 2^s$，$s = 5, ..., 11$ で，$\rho = 1$ $(\boldsymbol{\Sigma}_1 = \boldsymbol{\Sigma}_2)$
- **(II)** $N_d(\boldsymbol{\mu}_i, \boldsymbol{\Sigma}_i)$，$d = 2^s$，$s = 5, ..., 11$ で，$\rho = 1.2$ $(\boldsymbol{\Sigma}_1 \neq \boldsymbol{\Sigma}_2)$
- **(III)** $\boldsymbol{x}_{ij} - \boldsymbol{\mu}_i$ は共分散行列が $\boldsymbol{\Sigma}_i$ で自由度が $\nu = 5(5)35$ の $d = 500$ 次元 t 分布に従い，$\rho = 1.2$ $(\boldsymbol{\Sigma}_1 \neq \boldsymbol{\Sigma}_2)$

(III) は，t 分布の自由度 ν が大きくなるにつれて正規分布に近づき，仮定 (D-i) が徐々に満たされやすくなる設定となっている．3 つの場合とも，標本数は $n_1 = 10$，$n_2 = 20$ とする．

判別方式として DBDA と GQDA の他に，文献 [24] 等による標本共

分散行列の対角成分だけを使った線形判別方式 (diagonal linear discriminant analysis: DLDA) と 2 次判別方式 (diagonal quadratic discriminant analysis: DQDA)，そして，文献 [56] 等によるハードマージンの線形サポートベクターマシン (SVM) も考え，合計 5 つの判別方式を比較した．ハードマージン線形 SVM を用いた理由は，$d > n_1 + n_2$ なる高次元小標本の設定から，適当な超平面で線形分離可能だからである．DLDA の判別関数は，次式で与えられる．

$$\left(\boldsymbol{x}_0 - \frac{\bar{\boldsymbol{x}}_{1n_1} + \bar{\boldsymbol{x}}_{2n_2}}{2}\right)^T \boldsymbol{S}_{(\mathrm{d})}^{-1}(\bar{\boldsymbol{x}}_{2n_2} - \bar{\boldsymbol{x}}_{1n_1})$$

DQDA の判別関数は，次式で与えられる．

$$(\boldsymbol{x}_0 - \bar{\boldsymbol{x}}_{1n_1})^T \boldsymbol{S}_{1(\mathrm{d})}^{-1}(\boldsymbol{x}_0 - \bar{\boldsymbol{x}}_{1n_1}) - (\boldsymbol{x}_0 - \bar{\boldsymbol{x}}_{2n_2})^T \boldsymbol{S}_{2(\mathrm{d})}^{-1}(\boldsymbol{x}_0 - \bar{\boldsymbol{x}}_{2n_2}) - \log\left\{\frac{\det(\boldsymbol{S}_{2(\mathrm{d})})}{\det(\boldsymbol{S}_{1(\mathrm{d})})}\right\}$$

ここで，$\boldsymbol{x}_{ij} = (x_{ij(1)}, \ldots, x_{ij(d)})^T$ とし，

$$\bar{x}_{i(t)n_i} = \frac{1}{n_i}\sum_{j=1}^{n_i} x_{ij(t)}$$

$$s_{i(t)n_i} = \frac{1}{n_i - 1}\sum_{j=1}^{n_i}(x_{ij(t)} - \bar{x}_{i(t)n_i})^2$$

$$\boldsymbol{S}_{i(\mathrm{d})} = \mathrm{diag}(s_{i(1)n_i}, \ldots, s_{i(d)n_i})$$

$$\boldsymbol{S}_{(\mathrm{d})} = \sum_{i=1}^{2}\frac{n_i - 1}{n_1 + n_2 - 2}\boldsymbol{S}_{i(\mathrm{d})}$$

である．5 つの判別方式とも，判別関数が負ならば $\boldsymbol{x}_0 \in \pi_1$，非負ならば $\boldsymbol{x}_0 \in \pi_2$ とする．判別対象が $\boldsymbol{x}_0 \in \pi_1$ と $\boldsymbol{x}_0 \in \pi_2$ のそれぞれの場合でシミュレーションを 2000 回繰り返し，5 つの判別方式が $\boldsymbol{x}_0$ を正しく判別するかを確認した．$\boldsymbol{x}_0 \in \pi_i$ を誤判別した割合を $\overline{e}(i)$ とし，平均誤判別確率を $\overline{e} = (\overline{e}(1) + \overline{e}(2))/2$ で計算して，これらを 3 つの場合 (I)〜(III) のそれぞれに対して図 6.4〜図 6.6 にプロットした．このとき，$\mathrm{Var}(\overline{e}(i)) = e(1)(1 - e(1))/2000 \le 1/8000$ となるので，$\overline{e}(1)$，$\overline{e}(2)$，$\overline{e}$ の標準偏差は

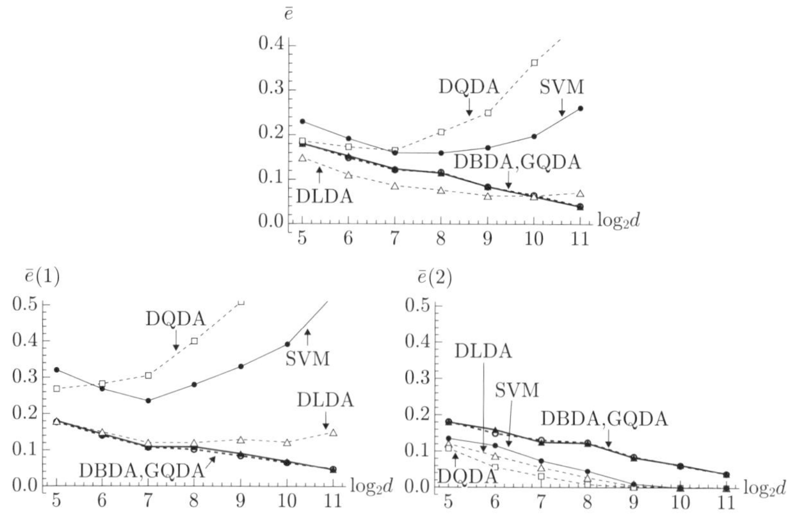

図 6.4　(I) $N_d(\boldsymbol{\mu}_i, \boldsymbol{\Sigma}_i)$, $d = 2^s$, $s = 5, ..., 11$ で, $\rho = 1$ $(\boldsymbol{\Sigma}_1 = \boldsymbol{\Sigma}_2)$ のときの, DBDA, GQDA, DLDA, DQDA, SVM の誤判別確率.

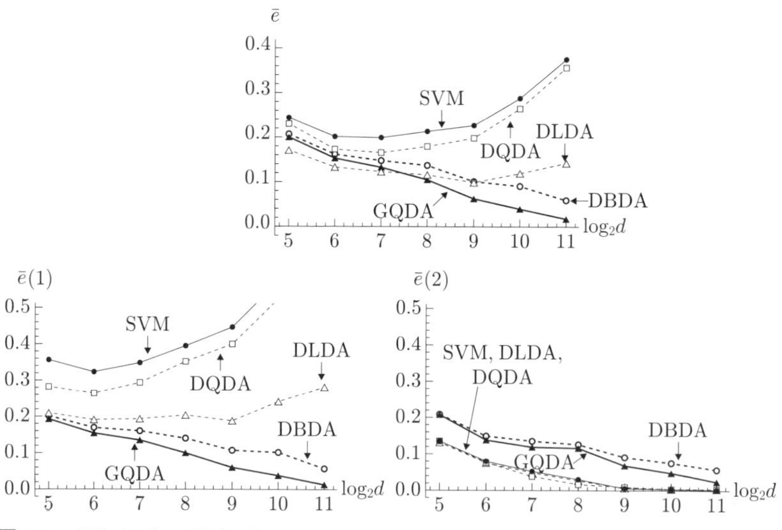

図 6.5　(II) $N_d(\boldsymbol{\mu}_i, \boldsymbol{\Sigma}_i)$, $d = 2^s$, $s = 5, ..., 11$ で, $\rho = 1.2$ $(\boldsymbol{\Sigma}_1 \neq \boldsymbol{\Sigma}_2)$ のときの, DBDA, GQDA, DLDA, DQDA, SVM の誤判別確率.

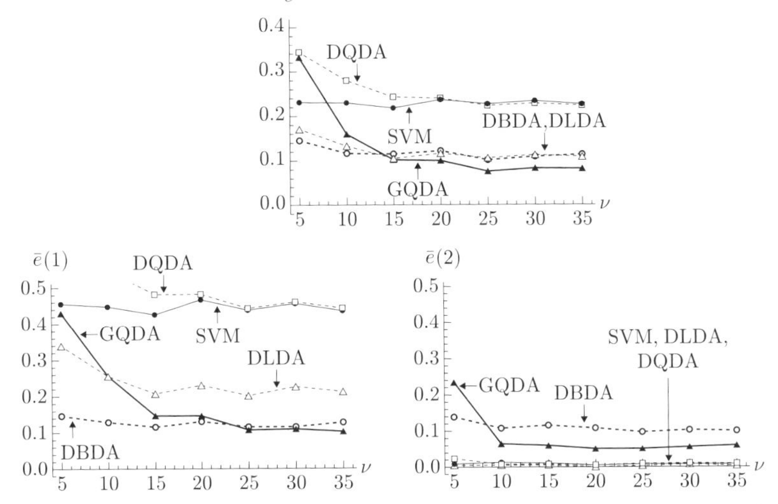

図 6.6 (III) $\boldsymbol{x}_{ij}-\boldsymbol{\mu}_i$ は共分散行列が $\boldsymbol{\Sigma}_i$ で自由度が $\nu=5(5)35$ の $d=500$ 次元 t 分布に従い，$\rho=1.2$ $(\boldsymbol{\Sigma}_1\neq\boldsymbol{\Sigma}_2)$ のときの，DBDA，GQDA，DLDA，DQDA，SVM の誤判別確率．

0.011 以下である．

図 6.4 から，$\mathrm{tr}(\boldsymbol{\Sigma}_1)=\mathrm{tr}(\boldsymbol{\Sigma}_2)$ かつ仮定 (D-i) を満たすときには，DBDA(6.3) と GQDA(6.13) は同等の性能が見受けられる．しかし，図 6.5 から，$\mathrm{tr}(\boldsymbol{\Sigma}_1)\neq\mathrm{tr}(\boldsymbol{\Sigma}_2)$ かつ仮定 (D-i) を満たすときには，GQDA(6.13) の方が性能がよいようにうかがえる．GQDA(6.13) は，$\boldsymbol{\mu}_i$，$i=1,2$ だけでなく，$\mathrm{tr}(\boldsymbol{\Sigma}_i)$，$i=1,2$ の差異も考慮した効果が表れているといえよう．一方，図 6.6 を見ると，自由度 ν が小さいがゆえに仮定 (D-i) を満たさないとき，DBDA(6.3) が GQDA(6.13) に勝ることがわかる．6.2.1 項で述べたように，DBDA(6.3) は，母集団分布に (D-i) 等を仮定せずに，$\boldsymbol{\mu}_{1,2}$ の非スパース性を利用して判別する手法になっている．予想される通り，ν が増加して仮定 (D-i) を満たしやすくなれば，GQDA(6.13) の性能は回復する．DQDA と SVM は，高次元小標本データに対して非常に大きなバイアスをもつために，精度が著しく悪くなる．

DLDAも同様にバイアスが生じる[10]. DBDA(6.3)は常に安定した結果を与えている. 仮定(D-i)を満たせば, NSSEモデル(D-iv)のもとでDBDA(6.3)は漸近正規性(6.8)を有し, それに基づいて誤判別確率の調整や推定ができるので, 非常に有用である. ここでは割愛するが, シミュレーションの設定を変えても同様な結果が得られている.

6.4 高次元データの様々な判別方式

DBDA(6.3)とGQDA(6.13)はシンプルだが, 高次元小標本において非常に強力な判別方式である. それら以外にも, 6.3.2項で見たように高次元において多くの判別方式が提案されている. 本節で簡単に整理しておく.

6.4.1 高次元小標本で有用な判別方式

DBDA(6.3)とGQDA(6.13)は, 高次元小標本($d \to \infty$, n_1とn_2は固定)であっても一致性(6.6)を有し, 標本数が高々10程度でもよい性能をもつ. さらに, NSSEモデル(D-iv)のもとで漸近正規性を有し, それに基づいて誤判別確率の調整や推定ができる. これは, 後述するサポートベクターマシンにはない特長である. DBDAとGQDAは, $d/n_{\min} \to c\ (> 0)$や$d/n_{\min} \to 0$といった高次元大標本の枠組みでも有用である. それゆえ, DBDAとGQDAは高次元において非常に汎用性の高い判別方式であるといえる. 特に, DBDAは母集団分布の性質によらず, 常に安定した結果を与える[11]. 一方で, GQDAは, $\boldsymbol{\mu}_i$, $i = 1, 2$だけでなく, $\mathrm{tr}(\boldsymbol{\Sigma}_i)$, $i = 1, 2$の差異も考慮した2次判別方式なので, 図6.3のように, 平均に差異が見られない状況においても$\mathrm{tr}(\boldsymbol{\Sigma}_i)$, $i = 1, 2$の差異を利用し

---

[10] DLDAとDQDAのバイアス補正と一致性については, 文献[12]を参照のこと. SVMのバイアス補正と一致性については, 文献[47]を参照のこと.

[11] Aoshima and Yata [11]は, データ変換法を開発し, 2つの母集団のどちらか一方, もしくは, 両方がSSEモデル(5.3)をもつ場合にも, DBDAの漸近正規性による精度保証を可能にした.

て一致性を与えることができる．

6.4.2　サポートベクターマシン

判別分析は，機械学習の領域では教師あり学習という立場で広く研究され，代表的な手法に Vapnik [56] 等による**サポートベクターマシン (SVM)** がある．高次元データ解析においてスパースな解が得られ，汎化性能が高いことも知られている．Chan and Hall [19] や Nakayama et al. [47] は，高次元における SVM の理論研究を行った．特に，文献 [47] は，SVM が高次元小標本データに対して巨大なバイアスをもつことを示し，誤判別確率に関して一致性をもつためのバイアス補正法を与えた．

ハードマージン線形 SVM の判別関数を $Y_{\mathrm{S}}(\boldsymbol{x}_0)$ とすれば[12)]，適当な正則条件のもと $d \to \infty$ のとき，$\boldsymbol{x}_0 \in \pi_i$ $(i = 1, 2)$ について次が成り立つ．

$$\begin{aligned} Y_{\mathrm{S}}(\boldsymbol{x}_0) &= \{(-1)^i + o_P(1)\}\frac{\Delta_{1,2}}{\delta_{\mathrm{S}}} + \frac{\kappa_{\mathrm{S}}}{\delta_{\mathrm{S}}} \\ &= \frac{\Delta_{1,2}}{\delta_{\mathrm{S}}}\left((-1)^i + \frac{\kappa_{\mathrm{S}}}{\Delta_{1,2}} + o_P(1)\right) \end{aligned} \tag{6.14}$$

ここで，$\kappa_{\mathrm{S}} = \mathrm{tr}(\boldsymbol{\Sigma}_1)/n_1 - \mathrm{tr}(\boldsymbol{\Sigma}_2)/n_2$，$\delta_{\mathrm{S}} = \Delta_{1,2} + \mathrm{tr}(\boldsymbol{\Sigma}_1)/n_1 + \mathrm{tr}(\boldsymbol{\Sigma}_2)/n_2$ である．SVM の精度がバイアス項 $\kappa_{\mathrm{S}}/\Delta_{1,2}$ に大きく依存することが分かる．6.3.2 項のシミュレーション設定 (I) と (II) は，$d \to \infty$ のとき $\kappa_{\mathrm{S}}/\Delta_{1,2} \to \infty$ となるので，図 6.4 と図 6.5 に見られたように誤判別確率に不均等な結果が生じるのである．高次元小標本データに対する SVM の不均等さを解消するために，Nakayama et al. [47] は次のような**バイアス補正 SVM (BC-SVM)** を与えた[13)]．

$$Y_{\mathrm{S}}(\boldsymbol{x}_0) - \frac{\hat{\kappa}_{\mathrm{S}}}{\hat{\delta}_{\mathrm{S}}}$$

---

12) 判別方式は，$Y_{\mathrm{S}}(\boldsymbol{x}_0) < 0$ のとき $\boldsymbol{x}_0 \in \pi_1$，$Y_{\mathrm{S}}(\boldsymbol{x}_0) \geq 0$ のとき $\boldsymbol{x}_0 \in \pi_2$ とする．なお，(6.14) 式の証明は，文献 [47] を参照のこと．

13) ガウシアンカーネルなどを用いた非線形 SVM についても，関連する研究が筆者たちの研究グループによって進められている．研究成果は，ホームページ (`http://www.math.tsukuba.ac.jp/~aoshima-lab/jp/papers.html`) で公開していく予定である．

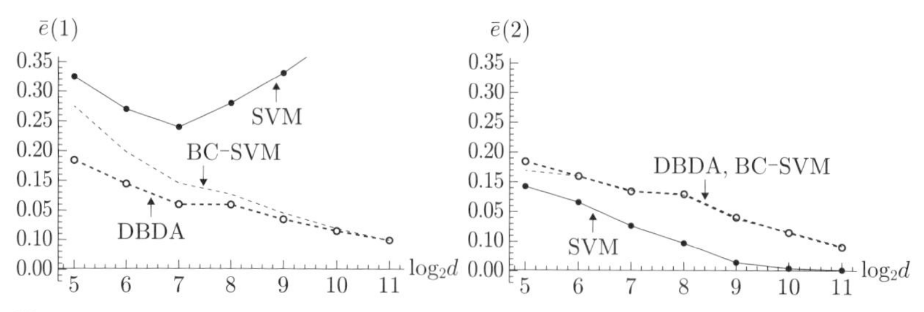

図 6.7 $N_d(\boldsymbol{\mu}_i, \boldsymbol{\Sigma}_i)$, $d = 2^s$, $s = 5, ..., 11$ で $\rho = 1$ ($\boldsymbol{\Sigma}_1 = \boldsymbol{\Sigma}_2$) のとき，DBDA, SVM, BC-SVM の誤判別確率.

ここで，$\hat{\kappa}_{\rm S} = {\rm tr}(\boldsymbol{S}_{1n_1})/n_1 - {\rm tr}(\boldsymbol{S}_{2n_2})/n_2$，$\hat{\delta}_{\rm S} = \|\bar{\boldsymbol{x}}_{1n_1} - \bar{\boldsymbol{x}}_{2n_2}\|^2$ である．BC-SVM は，誤判別確率について一致性 (6.6) を有することが証明されている．

BC-SVM について，図 6.4 の設定 (I) でシミュレーション実験を行った結果を，図 6.7 にプロットした．BC-SVM は，SVM に生じた不均等さを解消し，$\bar{e}(1)$ と $\bar{e}(2)$ に均等によい結果を与えていることが見てとれる．Nakayama et al. [47] は，BC-SVM と DBDA が高次元において漸近的に同等な性能を有することを理論的に示している．

6.4.3 標本共分散行列の対角成分を用いた判別方式

標本共分散行列の対角成分を用いた判別方式である DLDA と DQDA は，6.3.2 項の設定では精度が悪くなっている．原因の一つは，標本数が次元数と比べ遥かに小さく，SVM と同様の巨大なバイアスが生じることにある．そこで，Aoshima and Yata [12] は，DLDA と DQDA について，適当な条件と

$$\frac{\log d}{n_{\min}} \to 0 \tag{6.15}$$

なる **収束条件** (convergence condition) のもとでバイアス補正法を与え，誤判別確率に関する一致性を証明している．標本数が収束条件 (6.15) を満たすほど大きくない場合，それらの判別方式を使用すべきではない．その場合は，DBDA(6.3) や GQDA(6.13) の使用が推奨される．

なお，収束条件 (6.15) を満たす場合には，**変数選択を用いた判別方式** (discriminant analysis with feature selection) も考えられる．詳細は割愛するが，Fan and Fan [25] では変数選択を用いた DLDA タイプの判別方式が開発され，Aoshima and Yata [12] では変数選択を用いた DQDA タイプの判別方式が開発されている．どちらも，収束条件 (6.15) を満たす状況下で DLDA や DQDA よりも性能が優れているという報告がある．

6.4.4 共分散行列のスパース推定を用いた判別方式

共分散行列にスパース性を仮定すれば，(6.1) 式の $\boldsymbol{S}_{n*}$（もしくは (6.2) 式の $\boldsymbol{S}_{in_i}$）を共分散行列のスパース推定で代用することが考えられる．Cai and Liu [18] や Shao et al. [51] による**スパース線形判別分析法** (sparse linear discriminant analysis) や，Li and Shao [43] による**スパース 2 次判別分析法** (sparse quadratic discriminant analysis) が，こういった考えから提案されている．しかしながら，共分散行列にスパース性を仮定することは，高次元において必ずしも適切ではない．実際，多くの高次元データは成分間の相関が強く（それゆえ固有値は次元数に依存してスパイクし），スパース性の仮定がしばしば崩れる．こういった状況において，スパース判別分析法は，統計的推測に何ら精度を保証するものにならない．もう一つの問題として，スパース推定の計算コストの問題がある．次元数が $d > 10000$ となるような高次元データに対しスパース判別分析法を使うと，計算コストの面で困難が生じる[14]．現段階では，高次元データ（特に，高次元小標本データ）にスパース判別分析法を用いることは，必ずしも推奨されない．

[14] スパース判別分析法の理論的な問題点については，文献 [12] を参照のこと．

参考文献

[1] Ahn, J., Marron, J.S., Muller, K.M. and Chi, Y.-Y. (2007). The high-dimension, low-sample-size geometric representation holds under mild conditions, *Biometrika*, **94**, 760-766.

[2] 青嶋誠 (2018). 日本統計学会賞受賞者特別寄稿論文: 高次元統計解析: 理論と方法論の新しい展開, 日本統計学会誌, **48**, 89-111.

[3] Aoshima, M. and Yata, K. (2011a). Two-stage procedures for high-dimensional data. *Sequential Analysis (Editor's special invited paper)*, **30**, 356-399.

[4] Aoshima, M. and Yata, K. (2011b). Authors' response, *Sequential Analysis*, **30**, 432-440.

[5] 青嶋誠, 矢田和善 (2013a). 論説: 高次元小標本における統計的推測, 数学, **65**, 225-247.

[6] 青嶋誠, 矢田和善 (2013b). 日本統計学会研究業績賞受賞者特別寄稿論文: 高次元データの統計的方法論, 日本統計学会誌, **43**, 123-150.

[7] Aoshima, M. and Yata, K. (2014). A distance-based, misclassification rate adjusted classifier for multiclass, high-dimensional data. *Annals of the Institute of Statistical Mathematics*, **66**, 983-1010.

[8] Aoshima, M. and Yata, K. (2015a). Asymptotic normality for inference on multisample, high-dimensional mean vectors under mild conditions, *Methodology and Computing in Applied Probability*, **17**, 419-439.

[9] Aoshima, M. and Yata, K. (2015b). Geometric classifier for multiclass, high-dimensional data, *Sequential Analysis, Special Issue: Celebrating Seventy Years of Charles Stein's 1945 Seminal Paper on Two-Stage Sampling*, **34**, 279-294.

[10] Aoshima, M. and Yata, K. (2018a). Two-sample tests for high-dimension, strongly spiked eigenvalue models, *Statistica Sinica*, **28**, 43-62.

[11] Aoshima, M. and Yata, K. (2018b). Distance-based classifier by data transformation for high-dimension, strongly spiked eigenvalue models, *Annals of the Institute of Statistical Mathematics*, in press (doi:10.1007/s10463-018-0655-z).

[12] Aoshima, M. and Yata, K. (2018c). High-dimensional quadratic classifiers in

non-sparse settings, *Methodology and Computing in Applied Probability*, in press (doi:10.1007/s11009-018-9646-z).

[13] Aoshima, M., Shen, D., Shen, H., Yata, K., Zhou, Y.-H. and Marron, J. S. (2018). A survey of high dimension low sample size asymptotics, *Australian & New Zealand Journal of Statistics, Special Issue in Honour of Peter Gavin Hall*, **60**, 4-19.

[14] Bai, Z. and Saranadasa, H. (1996). Effect of high dimension: By an example of a two sample problem, *Statistica Sinica*, **6**, 311-329.

[15] Baik, J. and Silverstein, J.W. (2006). Eigenvalues of large sample covariance matrices of spiked population models, *Journal of Multivariate Analysis*, **97**, 1382-1408.

[16] Bhattacharjee, A., Richards, W.G., Staunton, J., Li, C., Monti, S., Vasa, P., Ladd, C., Beheshti, J., Bueno, R., Gillette, M., Loda, M., Weber, G., Mark, E.J., Lander, E.S., Wong, W., Johnson, B.E., Golub, T.R., Sugarbaker, D.J. and Meyerson, M. (2001). Classification of human lung carcinomas by mRNA expression profiling reveals distinct adenocarcinoma subclasses, *PNAS*, **98**, 13790-13795.

[17] Bickel, P.J. and Levina, E. (2004). Some theory for Fisher's linear discriminant function, "naive Bayes", and some alternatives when there are many more variables than observations, *Bernoulli*, **10**, 989-1010.

[18] Cai, T.T. and Liu, W. (2011). A direct estimation approach to sparse linear discriminant analysis, *Journal of the American Statistical Association*, **106**, 1566-1577.

[19] Chan, Y.-B. and Hall, P. (2009). Scale adjustments for classifiers in high-dimensional, low sample size settings, *Biometrika*, **96**, 469-478.

[20] Chen, S.X. and Qin, Y.-L. (2010). A two-sample test for high-dimensional data with applications to gene-set testing, *The Annals of Statistics*, **38**, 808-835.

[21] Chen, S.X., Zhang, L.-X. and Zhong, P.-S. (2010). Tests for high-dimensional covariance matrices, *Journal of the American Statistical Association*, **105**, 810-819.

[22] Chiaretti, S., Li, X., Gentleman, R., Vitale, A., Vignetti, M., Mandelli, F., Ritz, J. and Foa, R. (2004). Gene expression profile of adult T-cell acute lymphocytic leukemia identifies distinct subsets of patients with different response to therapy and survival, *Blood*, **103**, 2771-2778.

[23] Dempster, A.P. (1958). A high dimensional two sample significance test, *The Annals of Mathematical Statistics*, **29**, 995-1010.

[24] Dudoit, S., Fridlyand, J. and Speed, T.P. (2002). Comparison of discrimi-

nation methods for the classification of tumors using gene expression data, *Journal of the American Statistical Association*, **97**, 77-87.

[25] Fan, J. and Fan, Y. (2008). High-dimensional classification using features annealed independence rules, *The Annals of Statistics*, **36**, 2605-2637.

[26] Golub, G. and Van Loan, C. (2012). *Matrix Computations (fourth ed.)*, Johns Hopkins University Press, Baltimore.

[27] Golub, T.R., Slonim, D.K., Tamayo, P., Huard, C., Gaasenbeek, M., Mesirov, J.P., Coller, H., Loh, M.L., Downing, J.R., Caligiuri, M.A., Bloomfield, C.D. and Lander, E.S. (1999). Molecular classification of cancer: class discovery and class prediction by gene expression monitoring, *Science*, **286**, 531-537.

[28] Hall, P. and Heyde, C.C. (1980). *Martingale Limit Theory and Its Application*, Academic Press, New York.

[29] Hall, P., Marron, J.S. and Neeman, A. (2005). Geometric representation of high dimension, low sample size data, *Journal of the Royal Statistical Society, Series B*, **67**, 427-444.

[30] Hall, P., Pittelkow, Y. and Ghosh, M. (2008). Theoretical measures of relative performance of classifiers for high dimensional data with small sample sizes, *Journal of the Royal Statistical Society, Series B*, **70**, 159-173.

[31] Hand, D.J., Daly, F., McConway, K., Lunn, D. and Ostrowski, E. (1994). *A Handbook of Small Data Sets*, Chapman and Hall, London.

[32] Himeno, T. and Yamada, T. (2014). Estimations for some functions of covariance matrix in high dimension under non-normality and its applications, *Journal of Multivariate Analysis*, **130**, 27-44.

[33] Ishii, A. (2017a). A high-dimensional two-sample test for non-Gaussian data under a strongly spiked eigenvalues model, *Journal of the Japan Statistical Society*, **47**, 273-291.

[34] Ishii, A. (2017b). A two-sample test for high-dimension, low-sample-size data under the strongly spiked eigenvalue model, *Hiroshima Mathematical Journal*, **47**, 273-288.

[35] Ishii, A., Yata, K. and Aoshima, M. (2014). Asymptotic distribution of the largest eigenvalue via geometric representations of high-dimension, low-sample-size data, *Sri Lankan Journal of Applied Statistics, Special Issue: Modern Statistical Methodologies in the Cutting Edge of Science (ed. Mukhopadhyay, N.)*, 81-94.

[36] Ishii, A., Yata, K. and Aoshima, M. (2016). Asymptotic properties of the first principal component and equality tests of covariance matrices in high-dimension, low-sample-size context, *Journal of Statistical Planning and Inference*, **170**, 186-199.

[37] Johnstone, I.M. (2001). On the distribution of the largest eigenvalue in principal components analysis, *The Annals of Statistics*, **29**, 295-327.

[38] Johnstone, I.M. and Lu, A.Y. (2009). On consistency and sparsity for principal components analysis in high dimensions, *Journal of the American Statistical Association*, **104**, 682-693.

[39] Jung, S. and Marron, J.S. (2009). PCA consistency in high dimension, low sample size context, *The Annals of Statistics*, **37**, 4104-4130.

[40] Jung, S., Sen, A. and Marron, J.S. (2012). Boundary behavior in high dimension, low sample size asymptotics of PCA, *Journal of Multivariate Analysis*, **109**, 190-203.

[41] Lee, S., Zou, F. and Wright, F.A. (2010). Convergence and prediction of principal component scores in high-dimensional settings, *The Annals of Statistics*, **38**, 3605-3629.

[42] Li, J. and Chen, S.X. (2012). Two sample tests for high-dimensional covariance matrices, *The Annals of Statistics*, **40**, 908-940.

[43] Li, Q. and Shao, J. (2015). Sparse quadratic discriminant analysis for high dimensional data, *Statistica Sinica*, **25**, 457-473.

[44] Marron, J.S., Todd, M.J. and Ahn, J. (2007). Distance-weighted discrimination, *Journal of the American Statistical Association*, **102**, 1267-1271.

[45] McLeish, D.L. (1974). Dependent central limit theorems and invariance principles, *The Annals of Probability*, **2**, 620-628.

[46] Naderi, A, Teschendorff, A.E., Barbosa-Morais, N.L., Pinder, S.E., Green, A.R., Powe, D.G., Robertson, J.F., Aparicio, S., Ellis, I.O., Brenton, J.D. and Caldas, C. (2007). A gene-expression signature to predict survival in breast cancer across independent data sets, *Oncogene*, **26**, 1507-1516.

[47] Nakayama, Y., Yata, K. and Aoshima, M. (2017). Support vector machine and its bias correction in high-dimension, low-sample-size settings, *Journal of Statistical Planning and Inference*, **191**, 88-100.

[48] Nishiyama, T., Hyodo, M., Seo, T. and Pavlenko, T. (2013). Testing linear hypotheses of mean vectors for high-dimension data with unequal covariance matrices, *Journal of Statistical Planning and Inference*, **143**, 1898-1911.

[49] 西山陽一 (2011). マルチンゲール理論による統計解析，近代科学社.

[50] Paul, D. (2007). Asymptotics of sample eigenstructure for a large dimensional spiked covariance model, *Statistica Sinica*, **17**, 1617-1642.

[51] Shao, J., Wang, Y., Deng, X. and Wang, S. (2011). Sparse linear discriminant analysis by thresholding for high dimensional data, *The Annals of Statistics*, **39**, 1241-1265.

[52] 清水良一 (1976). 中心極限定理，教育出版.

[53] Srivastava, M.S. (2005). Some tests concerning the covariance matrix in high dimensional data, *Journal of the Japan Statistical Society*, **35**, 251-272.

[54] Srivastava, M.S. and Yanagihara, H. (2010). Testing the equality of several covariance matrices with fewer observations than the dimension, *Journal of Multivariate Analysis*, **101**, 1319-1329.

[55] Srivastava, M.S., Yanagihara, H. and Kubokawa, T. (2014). Tests for covariance matrices in high dimension with less sample size, *Journal of Multivariate Analysis*, **130**, 289-309.

[56] Vapnik, V.N. (2000). *The Nature of Statistical Learning Theory (second ed.)*, Springer, New York.

[57] Wang, W. and Fan, J. (2017). Asymptotics of empirical eigenstructure for high dimensional spiked covariance, *The Annals of Statistics*, **45**, 1342-1374.

[58] Watanabe, H., Hyodo, M., Seo, T. and Pavlenko, T. (2015). Asymptotic properties of the misclassification rates for Euclidean Distance Discriminant rule in high-dimensional data, *Journal of Multivariate Analysis*, **140**, 234-244.

[59] Yata, K. and Aoshima, M. (2009). PCA consistency for non-Gaussian data in high dimension, low sample size context, *Communications in Statistics. Theory and Methods, Special Issue: Honoring Zacks, S. (ed. Mukhopadhyay, N.)*, **38**, 2634-2652.

[60] Yata, K. and Aoshima, M. (2010a). Effective PCA for high-dimension, low-sample-size data with singular value decomposition of cross data matrix, *Journal of Multivariate Analysis*, **101**, 2060-2077.

[61] Yata, K. and Aoshima, M. (2010b). Intrinsic dimensionality estimation of high-dimension, low sample size data with d-asymptotics, *Communications in Statistics. Theory and Methods, Special Issue: Honoring Akahira, M. (ed. Aoshima, M.)*, **39**, 1511-1521.

[62] Yata, K. and Aoshima, M. (2012a). Effective PCA for high-dimension, low-sample-size data with noise reduction via geometric representations, *Journal of Multivariate Analysis*, **105**, 193-215.

[63] Yata, K. and Aoshima, M. (2012b). Inference on high-dimensional mean vectors with fewer observations than the dimension, *Methodology and Computing in Applied Probability*, **14**, 459-476.

[64] Yata, K. and Aoshima, M. (2013a). Correlation tests for high-dimensional data using extended cross-data-matrix methodology, *Journal of Multivariate Analysis*, **117**, 313-331.

[65] Yata, K. and Aoshima, M. (2013b). PCA consistency for the power spiked model in high-dimensional settings, *Journal of Multivariate Analysis*, **122**,

334-354.

[66] Yata, K. and Aoshima, M. (2015). Principal component analysis based clustering for high-dimension, low-sample-size data, *arXiv preprint*, arXiv:1503.04525.

[67] Yata, K. and Aoshima, M. (2016a). High-dimensional inference on covariance structures via the extended cross-data-matrix methodology, *Journal of Multivariate Analysis*, **151**, 151-166.

[68] Yata, K. and Aoshima, M. (2016b). Reconstruction of a high-dimensional low-rank matrix, *Electronic Journal of Statistics*, **10**, 895-917.

索　引

〈著者紹介〉

青嶋誠（あおしま まこと）

1992 年　東京理科大学大学院理学研究科博士課程数学専攻 修了
現　在　筑波大学数理物質系 教授
　　　　博士（理学）
専　門　統計科学，数理統計学，高次元統計解析
主要業績　日本統計学会賞，日本統計学会研究業績賞，Abraham Wald Prize など．
　　　　Japanese Journal of Statistics and Data Science (*JJSD*) 編集長．
　　　　Journal of the American Statistical Association (*JASA*) 編集委員．
　　　　Journal of Multivariate Analysis (*JMVA*) 編集委員など．

矢田和善（やた かずよし）

2010 年　筑波大学大学院数理物質科学研究科博士後期課程数学専攻 修了
現　在　筑波大学数理物質系 准教授
　　　　博士（理学）
専　門　数理統計学，高次元統計解析
主要業績　日本統計学会研究業績賞，Abraham Wald Prize．

統計学 **One Point 11**

高次元の統計学

High-Dimensional Statistics

2019 年 4 月 30 日　初版 1 刷発行

著　者　青嶋　誠
　　　　矢田和善　© 2019

発行者　南條光章

発行所　**共立出版株式会社**
〒112-0006
東京都文京区小日向 4-6-19
電話番号　03-3947-2511（代表）
振替口座　00110-2-57035
www.kyoritsu-pub.co.jp

印　刷　大日本法令印刷
製　本　協栄製本

一般社団法人
自然科学書協会
会員

検印廃止
NDC 417

ISBN 978-4-320-11263-6

Printed in Japan